环保组织行动与企业环境责任建设研究

ENGOs Participation in Corporate Environmental
Responsibility Construction in China

张勇杰 著

中国社会科学出版社

图书在版编目（CIP）数据

环保组织行动与企业环境责任建设研究／张勇杰著.—北京：中国社会科学
出版社，2024.4

ISBN 978 - 7 - 5227 - 3258 - 9

Ⅰ.①环…　Ⅱ.①张…　Ⅲ.①环境保护机构—关系—企业环境管理—
企业责任—研究—中国　Ⅳ.①X32 - 232②X322.2

中国国家版本馆 CIP 数据核字（2024）第 054290 号

出 版 人	赵剑英
责任编辑	赵　丽
责任校对	李　莉
责任印制	王　超

出　　版	中国社会科学出版社
社　　址	北京鼓楼西大街甲 158 号
邮　　编	100720
网　　址	http://www.csspw.cn
发 行 部	010 - 84083685
门 市 部	010 - 84029450
经　　销	新华书店及其他书店

印　　刷	北京明恒达印务有限公司
装　　订	廊坊市广阳区广增装订厂
版　　次	2024 年 4 月第 1 版
印　　次	2024 年 4 月第 1 次印刷

开　　本	710×1000　1/16
印　　张	15.25
插　　页	2
字　　数	201 千字
定　　价	78.00 元

序　言

　　企业社会责任建设（Corporate Social Responsibility，简称 CSR）是一个亟待公共管理研究关注的领域。近十几年来，世界各国政府对于企业社会责任的认识不断加深，并主动参与到企业社会责任项目的开发中来，将其作为应对复杂公共问题挑战的重要方式。相应地，政府在推动企业社会责任中的角色也出现了新变化，力图在 CSR 政策上超越传统的制度和权力界限，开始转向与非政府领域网络的链接与互动，以期通过积极的政策引导、有效的跨部门合作以及多层面的利益相关者导向战略，提升企业社会责任意识，推动企业建设。这种宏观制度环境的变化，不仅使以社会组织为主体的公共参与成为政府 CSR 项目网络中提升政策有效性的重要合作伙伴，而且为社会组织直接参与推动企业社会责任建设提供了必要的制度空间和行动合法性。《环保组织行动与企业环境责任建设研究》正是在这一现实背景下所作的一次尝试性拓展与深化研究。

　　环保组织推动企业环境责任建设不仅能够对企业的失责行为展开精准定位和有效监督，而且可以帮助企业制定可持续性发展的目标，提升在环境责任方面的自愿性服从和"超合规水平"，实现新的价值创造，这在很多国家得到了证明。在中国，环保组织推动企业环境责任建设的实践及理论研究还处于起步阶段，因此，这本书的写作和出版对于中国社会力量参与企业环境责任建设以及环境治理有着重要理论和现实价值。从某种意义上来说，本书填补了该方面研究的空白。

本书的特点：一是主题清晰、理论扎实。本书以环保组织作为观察主体，以企业环境责任建设为研究对象，探讨了环保组织如何运用多元化的行动策略来促进企业的绿色转型和可持续发展，呈现了现实情景中社会力量与市场主体之间的复杂互动和动态过程，丰富了跨部门合作中社企关系的理论研究。二是视野开阔、内容翔实。本书系统而全面地梳理了环保组织行动与企业环境责任建设领域的相关理论，详细总结了中国环保组织推动企业践行环境责任建设的制度背景、纵深发展、相对优势以及现实中存在的挑战，为读者呈现了这一议题的整体图景。三是方法严谨、论证充分。本书采用了动静相结合的比较案例分析方法，既从共时性的视角分析了不同情形下环保组织影响企业环境责任建设的行动策略运用，又从历时性的过程展现了不同阶段下环保组织行动策略的动态演变，资料丰富、说理透彻、引人入胜。

作为导师，很欣慰一直看到勇杰在学术的道路上努力钻研、刻苦奋进。为了使书稿更为丰富，他多次反复深入实地调研，收集了第一手资料，同时阅读了大量国内外的相关文献，在此基础上进行了系统的构思与写作。所谓"板凳要坐十年冷，文章不写一句空"，好的研究必定是在"实践"中扎根，在"慎思"中求索，在"寂寞"中坚守。相信本书的付梓势必为跨部门合作、环境治理、企业环境责任建设等研究议题带来诸多启发式思考和重要借鉴！

魏娜

中国人民大学公共管理学院教授

2024 年 3 月 21 于求是楼

目　　录

第 一 章

绪　　论

第一节　研究缘起

一　研究背景

改革开放以来，伴随着工业化、城市化的快速发展，中国环境问题愈加突出。尤其是早期粗放式的生产生活方式造成的生态破坏、环境污染远远超出了环境自身的承载能力，环境问题已经成为制约国内社会和经济持续健康发展的主要因素之一。面对日益严峻的环境形势，政府以往单一的直控式管制模式和基于所有权的市场调节机制已经显得捉襟见肘，寻求社会力量参与的第三方环境治理模式成为当下环境治理的一个重要途径。[①] 而支持环保组织健康有序地参与环境保护无疑成为中国生态文明建设的重要内容之一，也是中国迈向复合型环境治理之路的应有之义。[②] 特别是党的十八大将生态文明建设纳入中国特色社会主义事业"五位一体"的总体布局之后，中国生态文明制度体系建设步入了快车道，而环保组织也越来越成为国家环境治理当中的重要参与主体。2015 年 5 月 5 日，中共中央、国务院正式出台了《关于

[①] 曾婧婧、胡锦绣、朱利平：《从政府规制到社会治理：国外环境治理的理论扩展与实践》，《国外理论动态》2016 年第 4 期。

[②] 洪大用：《复合型环境治理的中国道路》，《中共中央党校学报》2016 年第 3 期。

加快推进生态文明建设的意见》明确指出："要引导生态文明建设领域社会组织健康有序发展，发挥民间组织和志愿者的积极作用。"党的十九大报告中，党中央提出要"构建政府为主导、企业为主体、社会组织和公众共同参与的环境治理体系"。党的二十大报告中，更进一步强调"推进绿色发展、促进人与自然和谐共生"的发展目标。

中国的环保组织发展始于 20 世纪 90 年代，是中国起步较早、发展较快、最为活跃、最具影响力的社会组织类型之一。2013 年中华环保民间组织可持续发展年会上发布的最新数据显示，随着全社会环境意识的提高，民间环保组织的数量从 2007—2012 年增长了 38.8%。截至 2012 年年底，全国生态环境类社会团体已有 6816 个，生态环境类民办非企业单位 1065 个，环保民间组织共计 7881 个。① 除了由环保组织自发进行的数据调查外，民政部每年所发布的社会服务发展统计公报仍然会对全国社会组织发展总体情况进行统计。但是由于分类口径不同，民政部的数据主要按照生态环境大类进行统计，不过在数据上可以与民间组织的统计进行相互印证。民政部《2017 年社会服务发展统计公报》显示，截至 2017 年年底，全国正式注册登记的生态环境类社会团体达 0.6 万个，生态环境类民办非企业单位 501 个，环保组织已然是环境治理中一支不可或缺的力量。除了环保组织数量上的不断增长，在过去几十年里，中国环保组织的活动领域也持续增加，在提升公众环保意识、促进公众环保行为参与、影响环境公共政策制定、推动环境保护国际交流与合作等方面做出显著贡献。② 甚至于近些年环保组织作为第三方介入环境治理出现了一些新的迹

---

① 《中国环保民间组织近八千个　五年增近四成》，2013 年 12 月，《人民日报》（http://www.chinanews.com/gn/2013/12－05/5584508.shtml）。

② 王名、佟磊：《NGO 在环保领域内的发展及作用》，《环境保护》2003 年第 5 期；邓国胜：《中国环保 NGO 发展指数研究》，《中国非营利评论》2010 年第 2 期；王飞：《我国环保民间组织的运作与发展趋势》，《学会》2009 年第 6 期。

象：其行动的范围和行动对象进一步拓展，部分环保组织开始直接参与到企业环境责任的监管过程中来，直接向监管部门和污染企业施加压力，并成功影响了许多公司的环境战略和商业运作。① 而这种原本作为政府和公众所乐见其成的理想局面，却在现实生活中不断涌现出来，这引起我们极大的研究兴趣。

不过即使如此，在一些西方学者看来，中国的环保主义行动与西方的环保社会运动所带有的强烈的民主诉求、政治表达、集体抗争、参政议政等特点相比仍存在显著的差异。皮特·何曾指出："在中国限制性政治环境中发生的环境社会运动基本上是不可见的，这种不可见的社会运动是通过社会组织的自律以及自觉保持在环境保护领域的'去政治化'理念实现的。"② 因此，中国的社会组织为了确保自身的生存和发展，必须服从于党和国家的领导以获得合法性。它们往往需要对组织活动的内容和行动策略进行自我审查，尽量避免显示出任何与政策失洽的暗示。只有这样，环保组织的发展才能更容易获得政府的认可或者默许。这种生存策略使得相当一批早期研究形成了对于中国环保组织行动的刻板印象，认为大多数集体行动也还是处于分散的小范围的自发状态③，并且行动往往局限于一些几乎不涉及重大现实利益冲突的活动领域，如"观鸟、种树、捡垃圾"；而对于公共利益表达、企业污染监督、政策倡导等行动持相对回避的态度。④ 那么，如果当我们依循"受国家支配"的社会形态思路来审视当下环保组织的行动和运转空间时，我们又如何解释实际经验现象的分化

---

① 张毅、张勇杰：《社会组织与企业协作的动力机制》，《中国行政管理》2015 年第 10 期。

② ［荷］皮特·何、［美］瑞志·安德蒙：《嵌入式行动主义在中国：社会运动的机遇与约束》，李婵娟译，社会科学文献出版社 2012 年版，第 4 页。

③ Cheng, Xiuying, "Dispersive Containment: A Comparative Case Study of Labor Politics in Central China", *Journal of Contemporary China*, Vol. 22, No. 79, 2013.

④ Zhan, Xueyong and Shui-Yan Tang, "Political Opportunities, Resource Constraints And Policy Advocacy of Environmental NGOs in China", *Public Administration*, Vol. 91, No. 2, 2013.

呢？尽管后来也有学者注意到，面临资源约束和合法性压力之下，中国的社会组织也愿意牺牲结构自主性来试图换取实际影响力。① 它们尽可能通过采取行动策略来与国家发生制度性关联，从中获得额外的政治支持和社会资源，从而更好地实现组织的使命和目标。② 比如环保组织开始活跃在开展环境维权与法律援助、监督环境政策实施等方面。但是，这种"相对的自主性"依旧以国家与社会二元视角为核心，却无法对环保组织直接参与推动企业履行环境责任的新近现象给予关注。环保组织何以能够从原有的"小世界"走向"大世界"来发挥其应有的实质性作用？我们如何对这些新近的现象做出新的解释？何以理解环保组织在环境治理中的广度与深度问题？

另外，在环保组织参与环境治理的过程中，我们需要注意到，不仅仅是其与国家之间的互动，因为追本溯源，治理环境必须找到环境污染的主要制造者，而企业无疑成为环境问题中的主要治理对象和被规制主体。由于企业具有天然的逐利动机，通常将追求自身利益最大化作为核心目标。对于理性的企业来说，在缺乏一定的外部监督机制下，一般都会倾向选择粗放型的生产策略从而节省企业的环境成本。特别是环境作为一项具有正外部效应的公共物品，由企业环境投资所带来的环境绩效十分容易被其他社会主体所分享，可企业致力于保护环境的成本却完全由自身承担，这进一步导致企业环境投资行为的动力不足。③ 近年来，由于企业对经济利润的追逐所致的环境失范、违法事件比比皆是，

① Gordon White, "Prospects for Civil Society in China A Case Study of Xiaoshan City", *The Australian Journal of Chinese Affairs*, No. 29, 1993.
② 赵秀梅：《中国 NGO 对政府的策略：一个初步考察》，《开放时代》2004 年第 6 期；李朔严：《政治关联会影响中国草根 NGO 的政策倡导吗？——基于组织理论视野的多案例比较》，《公共管理学报》2017 年第 2 期。
③ 崔广慧、姜英兵：《环境规制对企业环境治理行为的影响——基于新〈环保法〉的准自然实验》，《经济管理》2019 年第 10 期。

如 2010 年大连新港原油泄漏事件、2011 年云南曲靖铬渣污染事件、2017 年中石油长庆油田分公司水污染事件，等等。此外，根据 2011 年中国首份《上市公司环境绩效评估报告》披露，在受评的钢铁、火电、造纸、化工、纺织、食品饮料和建材 7 大重污染行业 161 家上市公司中，仅有 10 家被评为优良，列入"红名单"，40 家被评为不及格，列入"黑名单"。[①] 就当时而言，在环境管理、环境守法和环境效果方面不存在全盘领先的上市公司，没有任何一个受评上市公司实现了长期的环境可持续发展。而在 2018 年由中国环境新闻工作者协会与北京化工大学联合发布的《中国上市公司环境责任信息披露评价报告（2018）》中显示，虽然上市公司环境责任信息披露度较过去几年明显提升，但是总体平均得分仍为约 33.14 分，处于较低发展阶段。当年发布企业社会责任或环境责任报告数量的上市公司为 1646 家，占比为当年上市公司数量的 56.38%，对于未发布上市公司环境信息披露相关报告的企业达 2638 家。而其中，得分率处于 10% 以下的三项指标分别是"污染排放披露情况""绿色金融相关信息""环保公益活动"。[②] 由此可见，针对企业环境责任和环境治理的监管不容忽视。从这个意义上而言，环保组织推动企业践行环境责任的行动应当是最具直接性的影响方式，这也有利于环保组织实际行动范围的拓展和功能作用的发挥。那么，跳出以往"国家—社会"二元关系的视角，我们如何来理解这场"社会与市场"之间的互动呢？

二　研究问题

波兰尼在其代表性著作《巨变：当代政治与经济起源》中，

---

① 《保护环境是企业的社会责任》，2011 年 6 月，中华人民共和国生态环境部（http://www.mee.gov.cn/ywdt/hjnews/201106/t20110629_214191.shtml）。

② 《〈中国上市公司环境责任信息披露评价报告（2018）〉发布》，2019 年 12 月，新华网（https://baijiahao.baidu.com/s?id=1653675406372932495&wfr=spider&for=pc）。

最早深刻阐述了社会与市场之间的互动过程,并将其称之为"双向运动"。虽然这本著作在 1944 年出版,但是《巨变》一书对从 15 世纪到第二次世界大战期间的重要历史事件都有深入分析,对许多广泛的议题也有独到创见,尤其是重访波兰尼关于"双向运动"的观点,仍然给予我们不少的启迪。要了解波兰尼的思想,其最核心的出发点就是对于"嵌入"的理解。他认为,在 19 世纪以前,人类的经济活动总是嵌入在社会之中。所以"嵌入"概念的提出点明经济本身并非如古典经济学理论所宣称的是一个自主体,而是嵌入在法律、政治制度、道德之中,受制于人伦关系、社群伦理和各种正式和非正式制度制约。然而,自 19 世纪之后,市场开始从人类社会中"脱嵌"出来,并以一种真实而非虚构的方式将劳动力、土地、货币和社会结构组织起来,要求人类关系嵌入在经济体系之中,服从于经济理性和自利关系的调整,使社会臣属于市场。① 但是这种自律性市场的信念,在波兰尼看来就是一个蕴涵着全然空想的社会体制,"若要建立一个完全自律的市场经济,必须将人与自然环境变为商品,② 而这将导致两者的毁灭,将人类社会推往自毁的深渊"。③ 所以,波兰尼极力反对市场对人类社会的肢解,反对人类社会被市场经济牵制。在他看来,只要市场不断扩张,自我调解市场原则继续支配社会,那么一个相反的社会自我保护运动就不可避免,它们会对市场侵蚀各种社会的行为进行反抗,通过共同抵制劳动力、土地和货币的商品化进程,使市场经济服务于人类本性,重新嵌入并回归社会

---

① 〔匈〕卡尔·波兰尼:《巨变:当代政治与经济的起源》,黄树民译,社会科学文献出版社 2013 年版,第 25—27 页。

② 有观点认为,波兰尼反对将自然视为商品,实际上可以说是开创了当代环境保护主义的先河。他对环境经济学的影响,可参见 Herman E. Daly and John B. Cobb Jr, *For the Common Good: Redirecting the Economy toward Community, the Environment, and a Sustainable Future*, Boston: Beacon Press, 1989。

③ 〔匈〕卡尔·波兰尼:《巨变:当代政治与经济的起源》,黄树民译,社会科学文献出版社 2013 年版,第 52 页。

之中。① 而这种市场扩张、社会反弹的过程就是"双向运动"。

虽然"双向运动"的提出距离现在已经过去近八十年，但是我们不得不佩服波兰尼敏锐的观察和良好的直觉，并对于我们洞察当下中国转型社会中环保组织推动企业践行环境责任的行动提供了宏观的理论视野和反思空间。回顾中国改革开放四十多年的发展，从计划经济体制向市场经济体制的快速转型，由市场经济所带来的对于经济理性和效率至上的追求，其实已经在潜移默化之中影响着中国的政治与社会变迁。特别是环境领域中，市场主体在"利润最大化"价值驱动下，一边是对资源的过度索取，即高消耗；一边是对于环境质量的牺牲，即高污染。这实际上已经严重侵犯了公众的环境权利以及人们对美好生活质量的追求。而如今，如果从波兰尼"双向运动"出发，作为社会参与形式之一的环保组织推动企业践行环境责任，是否可以被理解为一场社会的自我保护运动呢？

因而，基于以上现象的困惑和理论反思的出发点，本书提出以下核心研究的问题：环保组织如何影响企业环境责任建设，从而推动企业的绿色转型和可持续发展？其究竟可以采取哪些行动策略？具体包括以下几个核心问题。

一是环保组织推动企业践行环境责任的行动何以发生？这一新迹象在中国的发展现状如何？

二是环保组织推动企业践行环境责任建设的行动策略有哪些？何种情形之下应选择何种策略？影响其策略选择的关键因素是什么？

三是环保组织推动企业践行环境责任的影响力和最终行动效果究竟如何？

---

① 吕鹏：《社会大于市场的政治经济学——重访卡尔·博兰尼〈巨变：当代政治、经济的起源〉》，《社会学研究》2005 年第 4 期。

第二节 研究意义

一 理论意义

从理论意义上讲，本书拟通过对环保组织推动企业践行环境责任行动的考察和分析，深化对于中国转型社会中国家与社会关系、社会与市场关系的理解，在此基础上延展和增进对于中国社企关系的研究。主要包括以下几个方面。

一是本书拟进一步关注中国转型社会中社会组织的"自主性"问题。由于以往的大量研究都是锚定在"国家与社会"二元框架的视角下来分析社会组织的发展，研究的胶着点在于社会自主性与国家主导角色的结构论争，从而对于实际社会的复杂现实缺少关注。本书在认同中国社会总体上缺乏自主性的同时，认为社会组织与特定政经结构的实际关联互动仍然具有"相对的自主性"。① 当我们从"结构论证"转向"行动研究"时，实际上更有利于在政府、市场与社会的多重场景中来发现社会组织的成长与发展，这也有利于解释经验现象中多种分化的情形。二是本书试图进一步丰富跨部门合作理论的内容，提升对于社企关系研究的关注度。跨部门合作通常涉及政府与社会、政府与市场、社会与市场以及政府、社会、市场三者之间的合作互动，但是在现有文献中，实际上对于社会与市场的互动缺少深入的分析。以环境治理领域为例，社会中不同主体共同参与环境治理，实现环境治理的多元共治是当前一个重要的方向和趋势。而这其中包括政府、环保组织、企业、社会大众等不同主体，通过协商合作、跨界合作来推动环境问题的改善。但是环境治理领域的跨部门合作研究也主要集中于政府与社会（环保组织）之间、政府与企业之

---

① 纪莺莺：《当代中国的社会组织：理论视角与经验研究》，《社会学研究》2013年第5期。

间，或者三者之间。但是关于社会与市场，抑或者环保组织与企业主体之间在环境治理领域的互动研究是较为不足的。三是本书力求进一步丰富利益相关者与企业环境治理的分析视角，从环保组织这一主体切入，探讨其影响企业环境责任建设的行动策略和影响效果。由于在利益相关者和企业环境责任的文献中，大部分研究从工商管理的学科视角出发，重点将股东、政府、供应商、客户等密切相关主体作为企业的核心利益相关者，但是对于社会组织、社区等间接利益相关者关注不足，社会组织基本上处于企业利益相关者的边缘化地位。通过本书，我们能够看到环保组织对于企业环境治理的重要性。

二 现实意义

从现实意义上而言，环保组织推动企业践行环境责任的行动研究是置身于政府、市场与社会的复杂情景中，我们分别从三个方面来看：第一，本书能够为中国环保组织的行动提供路径参考和发展空间。自20世纪90年代初开始，中国环保组织已经经历了近三十年的发展。与早期的环保组织的行动空间相比较，近年来环保组织的行动方式有多元化发展的趋势。除了传统的相对温和的方式之外，相关的研究和媒体报道证实，越来越多的中国环保组织也在使用一系列行动策略来对政府和污染企业施加压力或者开展合作。环保组织也在其活动领域拓展的同时得到了更多的发展机遇和活动空间，从更积极的意义上讲，我们期待一个具有活力的公民社会正在孕育成长。第二，本书能够进一步促进企业对于社会责任、环境责任等议题的反思，推动企业公民身份的转变和更好地履行企业的社会责任。如今市场主体的竞争已经不仅仅简单地立足于经济效益，其对于企业良好社会声誉的追求、对于社会责任的履行更是成为企业在市场中竞争力的关键。希望通过本书能够推动企业更好地重视和回应来自社会的压力，完善企业环境战略，积极履行环境友好计划，在提升产品绿色升级的同时能够实现差异化优势。第三，本书同样具有直接的政策意涵。中国的环境治理长期依赖于控制式的规制工具，虽然这样的治理方式能够迅速带来环境绩效的提升，但是其是否可以带来持续的环境治理质量产出仍然是值得怀疑的。在这种情形下，政府也需要进一步完善环境治理体系，积极创新环境规制工具，期望能够对未来引入社会力量的积极参与提供更多的政策支持和激励措施，相信一个多元共治的环境治理体系是我们所期待实现的。

第三节 核心概念界定

一 环保组织

社会组织，又称为非政府组织，是 20 世纪 80 年代在全球范围内兴起的一股新兴力量。由于非政府组织涉及的体系十分庞杂，因此学界关于非政府组织的称谓也不尽相同，一些相近的称谓包括非营利组织、慈善组织、免税组织、第三部门、公益组织、草根组织，等等。当然，这些称谓的不同，也是关于社会组织在概念界定中所涉及的不同的着眼点，如免税组织更突出组织的免税资格、慈善组织和公益组织更强调社会组织的社会服务属性、草根组织则是从是否进行注册登记来判断，等等。那么，尽管存在这些差别，但是这些称谓对于社会组织的性质和特征是具有一些共性的认识的，如自治性、非营利性、志愿性、组织性等。此外，就社会组织内部而言，也存在不同类别的划分。比如根据社会组织性质的不同，可以将其划分为官办社会组织、民间社会组织和草根类社会组织；根据社会组织活动范围和领域的不同，可以将其划分为环境领域的社会组织、扶贫领域的社会组织、社区社会组织、慈善类社会组织等。而本书的研究主体是聚焦于环境领域内的社会组织，所谓环保社会组织，它是指在民政部门登记注册，以环境保护为主旨，向社会提供环境公益服务的非营利性社会组织。

总体而言，环保组织是中国起步较早、发展较快、十分活跃的一类组织。早在 1979 年，中国就成立了由政府部门率先发起的官办环保组织——中国环境科学学会。随后，在各省、自治区、直辖市分别相继成立了环境科学学会。① 之后，在政府部门的主导下又成立了中国环境新闻工作协会、中华环境保护基金会、中国环境保护产业协会等官办组织。此类组织通常与政府保持紧密的联系，且具有法律上的合法性，能够借助行政系统的资源与网络进行社会动员，但是自主性相对较少。90 年代之后，中国纯民间性质的环保团体、高校学生社团、志愿者团体、环保行业协会开始大量涌现。1994 年，中国第一个在国家民政部注册成立的民间环保组织自然之友成立，之后出现了包括北京地球村、绿家园志愿者、热爱家园等一批知名的环保组织。总的来说，新兴的民间环保组织政府的行政干预较少、自主性较强、在活动上紧贴广大群众，有较强的民间性和群众性。经过四十多年的发展，中国环保组织不论在数量上，还是活动领域都有了极大拓展。2003 年以后，围绕若干重要的公共事件，环保组织逐渐在一些公共议题方面发声，通过借助崛起中的媒体力量以及利用"碎片化"的治理空间，来进行议题建构、社会动员，对政府和企业治理形成影响，在政策倡导、社会监督、维护公众权益等方面发挥了突出作用。② 而随着中国经济发展步入新常态，企业责任，特别是企业环保的责任越来越大，责任紧迫。环保组织的活动领域也开始进一步出现分化和专业化，部分环保组织根据自身的能力、兴趣以

---

① 邓国胜：《中国环保 NGO 的两种发展模式》，《学会》2005 年第 3 期。
② 曾繁旭：《NGO 媒体策略与空间拓展——以绿色和平建构"金光集团云南毁林"议题为个案》，《开放时代》2006 年第 6 期；洪大用：《转变与延续：中国民间环保团体的转型》，《管理世界》2001 年第 6 期。

及资源，直接参与到企业环境责任建设的行动中去，并且塑造其在该行动领域的专业能力和核心竞争力。不仅形成对企业环境责任建设的外部监督，而且提升了在环境治理中与企业合作的潜力。

二　环境与环境治理

环境问题通常是指由自然界或人类活动所引起的环境破坏或者环境质量下降，从而对人类的生产生活产生不利的影响。由此，我们通常所看到的环境问题可以有两种引致缘由：一般而言，由自然界自身变换所引致的环境破坏和环境灾害是无法从源头进行控制的，例如洪水灾害、地质灾害、海啸等，这些自然灾害破坏性极大，但是只能在灾害发生之后及时进行补救和救助，从而尽最大可能减缓其破坏性。除此之外，狭义上的环境问题多指由人类不当的生产和生产活动所导致的环境破坏和污染。这类环境问题往往超越了环境自身的承载能力，因人类过度开发、过度利用所致，污染数量大、范围广、影响大。如日常生活中的废物、废水和废气的过度排放、日常生活中的有毒化学商品等。本书主要关注的是第二类环境问题，特指伴随着人类的经济生产、消费活动所产生的各种显性或者隐性的环境污染现象。

环境治理是为了要解决环境发生的问题。在自然科学中，对于环境问题的关注主要是从科学技术手段方面来进行污染防治与废气处理、环境修复和改进，并且通过了解生态环境所受的影响和承载力，提出保护自然环境免受伤害的举措。与自然科学中对于环境治理的定义不同，本书主要是从社会科学研究的视角出发，更多地关注环境治理过程中治理结构、主体、机制等内容。因此本书所研究的环境治理是指通过在治理体制机制、管理手段方式等方面的改善，对治理环境问题中的主体与主体之间的互动活动进行管理。重点关注政府、市场和社会等多元主体间如何通过正式或者非正式机制实现对生态环境的保护。尤其关注社会组织与企业二者主体间在环境治理方面的互动关系。

三 企业环境责任

就一般意义上而言，企业环境责任是属于企业社会责任的范畴之一，因伴随着世界范围内环境保护主义运动的兴起和可持续发展理念的要求而逐渐受到重视。后来，随着环境议题的升温，在20世纪90年代，在实务界和学术界中对于企业环境战略管理与经济绩效的讨论，迅速在业界蔓延开来，而社会各界对于企业环境责任建设的问题也开始高度关注。[①] Hart 指出，企业社会责任不能仅仅强调经济、法律、社会和技术等方面，自然环境同样是企业商业活动的重要组成部分。[②] 美国著名经济伦理学家恩德勒也同样强调，企业社会责任不能仅仅局限于经济、政治、文化等传统范畴之内，保持对于环境问题的关注，减少对自然环境的影响，同样构成企业社会责任战略中的重要内容。[③] 本书所关注的企业环境治理实质上是落实企业环境责任的具体行动，而这离不开对于企业环境责任基础概念的界定。基于以往学者的研究，本书认为企业环境责任是指企业在可持续发展理念的指导下，能够将环境目标整合到企业发展战略和运营管理之中，积极履行环境义务，减少环境违规行为，并且提升其在环境污染防治、资源开发利用以及环境治理方面的自觉意识，实现环境管理和经济效益、社会效益的同步发展。

---

① Porter, Michael E., and Claas Van Der Linde, "Toward a New Conception of the Environment-Competitiveness Relationship", *Journal of Economic Perspectives*, Vol. 9, No. 4, 1995, pp. 97 – 118; "Green and Competitive: Ending the Stalemate: M. E. Porter and C. Van Der LindeHarvard Business Review, 73 (5), pp. 120 – 134 (Sept/Oct 1995)," *Long Range Planning*, Vol. 28, No. 6, 1995, pp. 128 – 129.

② Hart, Stuart L., "A Natural-Resource-Based View of the Firm", *Academy of Management Journal*, Vol. 20, No. 4, 1995.

③ ［美］乔治·恩德勒：《面向行动的经济伦理学》，高国希等译，上海社会科学院出版社2002年版。

第四节　研究设计

加里·金、罗伯特·基欧汉和悉尼·维巴（简称"KKV"）在《社会科学中的研究设计》中提道："社会科学所追求的是在一个完善的科学探究结构中进行洞察和发现的创造性过程。"[①]这里的"科学探究结构"是指要采用明确、系统且被同行公认的研究方法进行数据的收集及分析工作，以确保其有效性能够被评估。这意味着研究人员在认识世界和观察世界时，其在收集数据并从中获得证据和最终结论的过程中是有一系列明确且符合推论规则的公开程序为依据的。而好的研究设计就是试图去阐明研究问题、明确数据收集方法，以更适合的方法将问题、理论与数据联系起来。而不同学者对于研究设计本身的构成内容也有不同的观点，如 KKV 认为研究设计包含研究问题、理论、数据和数据使用四个部分；Eisenhardt 认为研究设计应按照界定研究问题、明确研究方法、案例选择、数据收集、数据分析和文献对话的步骤展开。[②] 在本节中，除了之前章节所提及的内容，我们将结合研究设计的一般要求，明确本书拟采用的研究方法、数据收集的标准以及数据收集的问题。

一　案例研究方法

本书拟采用的研究方法为案例研究方法。殷曾指出："在决定采用何种研究方法之前所必须考虑的三个条件是：（1）该研究所要回答的问题的类型是什么；（2）研究者对研究对象及事件的

---

① ［美］加里·金、罗伯特·基欧汉、悉尼·维巴：《社会科学中的研究设计》，陈硕译，上海人民出版社 2014 年版，第 10 页。

② Eisenhardt, Kathleen M., "Building Theories from Case Study Research", *Academy of Management Review*, Vol. 14, No. 4, 1989.

控制程度如何；（3）研究的重心是当前发生的事，或者是过去发生的事。"因而，不同的研究方法其适用的条件是不一样的，如社会科学研究中的实验法、调查法、档案法、历史分析法、案例研究法具有不同优点，其适用条件也有所不同，如表1-1所示。

表1-1   社会科学研究中不同研究法的适用条件①

研究方法	研究的问题的类型	是否需要对研究过程进行控制	研究焦点是否集中在当前问题
实验法	怎么样、为什么	需要	是
调查法	什么人、什么事、在哪里、有多少	不需要	是
档案法	什么人、什么事、在哪里、有多少	不需要	是/否
历史分析法	怎么样、为什么	不需要	否
案例研究法	怎么样、为什么	不需要	是

在本书中之所以采用案例研究的方法：首先，从研究问题的类型而言，研究致力于回应环保组织推动企业践行环境责任的行动策略是怎样的，同时进一步探讨环保组织如何在不同的情形状态下进行行动策略的选择。而案例研究方法在回答"为什么"和"怎么样"一类的问题上具有更强的解释力；尽管历史分析法、实验法同样能够回应本书的问题，但是当我们进一步考虑研究对象的特性和控制条件时，似乎案例研究更能凸显其独特的优势。其次，从研究对象的控制性而言，现实中环保组织推动企业践行环境责任的行为是动态的、变化的。最后，从研究对象的时代性

① ［美］罗伯特·K. 殷：《案例研究：设计与方法》，周海涛等译，重庆大学出版社2004年版，第7页。

质而言，研究对象所处的是实际环境以及正在发生的一些行为。故而，对于历史分析法和实验法而言，很难对本书中研究对象的相关因素进行控制，其需要深入实践、直接观察实践过程，并且对事件的参与者进行访谈。

此外，就案例研究的本质而言，其核心意图在于呈现出行动者的决策过程，即某一决策何以做出？其具体的落地过程如何？最终结果怎样？那么，为了解决或者回应这一类问题，案例研究方法的长处正是在于其可以解释复杂现实生活中各种因素之间假定存在的联系；可以深描所处的现实生活场景；可以通过列举的方式展现真实情境中的各种要素和主题；可以探索不够明显或者复杂多变的因果联系；可以对某一活动本身进行再评估。① 甚至于，在理想的条件下，案例研究可以通过精妙的研究设计来控制相关的自变量进而识别出原因的影响，或者揭示其中的因果作用机制来验证结果的原因，在因果推断和因果解释方面具有定量研究不可比拟的优势。② 因此，相较于其他社会科学研究方法，案例研究方法对于本书具有极大的适用性和契合性。一是我们拟通过案例的深描来呈现现实情形中环保组织推动企业践行环境责任的行动过程，并对现象背后的原因与机理进行解释和深入的分析。以期通过案例研究本身提供一些解释性知识、理解性知识，乃至规范性知识，知晓事实、行为及事件因何发生，为何以这样的形态而非其他形态发生，它们在什么条件下发生，推动力来自什么。③ 二是研究所关注的主题是近些年环保社会组织新近涌现的社会现象，这一现象在社会与企业关系研究中具有一定的代表性和典型性，而案例研究方法的采用有助于带来启示性的再思

① ［美］罗伯特·K. 殷：《案例研究：设计与方法》，周海涛等译，重庆大学出版社2004 年版，第 18 页。

② 蒙克、李朔严：《公共管理研究中的案例方法：一个误区和两种传承》，《中国行政管理》2019 年第 9 期。

③ 张静：《案例分析的目标：从故事到知识》，《中国社会科学》2018 年第 8 期。

考。三是环保组织推动企业践行环境责任的行动策略选择是在复杂而多变的情景之中,中间可能存在多种因果联系,并且行动策略的选择随着时间的变化而发生改变。所以采用案例研究方法,可以历时性地呈现行动过程的起因、情境因素和实际发生的作用结果,有助于反映出案例在各个阶段的变化情况,更加充分地展现出案例的丰富性、前后关联性和细节性内容。四是当前在环保组织与企业关系研究的领域内也没有大样本的统计数据,这也导致纯定量分析是有难度且不足够的。

二 案例选择

在确定所采用的研究方法之后,下一步就是展开案例研究设计。在案例研究中,研究设计具有不同的类型,而这也对应于不同适用的案例数量和研究问题。吉尔林曾依据研究设计包含的案例数量(一个、几个或很多)、研究设计采用的自变量/因变量的变化类型(时间的或空间的)、变化的位置(跨案例或个案内)的标准,将案例研究设计分为十种类型。[①] 由于在本书中,研究单位为环保组织,旨在关注这一主体不同情形判断下的策略选择。其中既涉及数据的截面性特征,即考察特定情形下环保组织推动企业践行环境责任的行动策略运用;也包括数据历时性的变化,即分析跨时段情形变化之下,环保组织行动策略的动态调整与转化。因此,在具体研究设计中将采用横向案例比较(比较方法)和纵向案例过程分析(比较历史方法)相结合的策略。

在横向案例比较中,案例选择方法主要采用典型案例法。一方面,典型案例法更普遍的应用与我们在理论上感兴趣的某一现

[①] 吉尔林所提出的协变性研究设计包括:单一案例研究(历时性)、单一案例研究(共时性)、单一案例研究(共时性 + 历时性)、比较方法、比较历史方法、截面分析、时间序列截面分析、分层分析、分层时间序列分析。参见 [美] 约翰·吉尔林《案例研究:原理与实践》,黄海涛等译,重庆大学出版社 2017 年版,第 21 页。

象的因果模型有关，并且研究者感兴趣的变量的变化都包含在该案例内。具体来说："这里，研究者已经确定了某个特定的结果变量（Y），可能还有研究者希望研究的某个 X_1/Y 的具体假设，为此，要寻找一个代表那个因果关系的典型例子。"[①] 从而，对先前发展的理论框架和命题提供例证和进行机制性分析，进而加深对现有理论框架的理解。另一方面，在案例代表性方面，这个案例都集中体现了某一类别的现象的重要特征。[②] 这种"代表性"就是一种典型性，可以理解为在某一特定维度上的均值、中值或者众值，有助于理解某个更普遍的现象。换言之，这种"代表性"绝不是统计学标准中概率论意义上的代表性。[③] 基于这两个标准，研究选择了 A 和 B 两家环保组织作为典型案例，来探讨特定情形下环保组织推动企业践行环境责任的主导型行动策略。A 组织是一家在民政部批准注册的全国性行业性环保协会，协会的宗旨主要是促进企业之间以及与政府、其他社会组织之间在环境治理领域展开交流与合作。B 组织是国内首家关注企业提升环境和社会影响管控的公益组织，助力中国绿色经济的可持续发展。从组织价值观、组织规模等方面而言，其与国内其他环保行业协会或者民间环保社会组织具有很多共性特征，因此具有一般环保社会组织的普遍性特征。此外，需要额外说明的是，研究之所以没有选择四家环保组织分别说明特定情形下的社会组织行动策略，这是由于某一环保组织并非总是处于某种单一情形之下，而是兼具多种情形状态，因此即使选择一家环保组织，同样能够对命题进行科学化地验证。然而，尽管近些年中国社会组织得到了

---

① ［美］约翰·吉尔林：《案例研究：原理与实践》，黄海涛等译，重庆大学出版社 2017年版，第 21 页。

② 王宁：《代表性还是典型性？——个案的属性与个案研究方法的逻辑基础》，《社会学研究》2002 年第 5 期。

③ Eisenhardt, Kathleen M., and Graebner, Melissa E., "Theory Building From Cases: Opportunities And Challenges", *Academy of Management Journal*, Vol. 50, No. 1, 2007.

长足的发展，特别是在一些涉及公共服务的志愿、公益领域，但是环保组织推动企业践行环境责任的现象却远未达到成熟状态，我们很难找到一家环保组织同时兼具所有理论情形，因此笔者选择了两家环保组织来分析四种情形。一方面，两家环保组织能够形成互补，说明四种情形下的主导型策略；另一方面，也能够防止读者产生某一环保组织只体现为某一类主导型策略的认知。

在纵向案例过程分析中，案例选择方法主要采用最相似案例法。在所选择的成对相似案例中，寻找感兴趣变量对于结果变量的潜在影响。由于环保组织推动企业践行环境责任的行动过程中，环保组织与企业之间的情形状态处于不断地变化之中，环保组织自始至终并非仅仅体现为某种策略类型或者某一主导型策略，行动策略将随着情形的演变呈现出动态调整的过程。因此，如果研究者试图确定那些感兴趣的原因因素上表现出不同值而在其他可能的原因因素上表现出相似值的案例，那么这样一个案例就会被视为给命题提供了证实性的证据，也为探讨因果机制提供了"素材"。[①] 在笔者研究中所关注的两个关键解释变量中，由于环保组织与企业的依赖关系在一定时期内为稳定状态，但是环保组织使命坚守与企业环境行为表现却处于动态变化之中，因此笔者采用"过程—事件"[②] 的分析方法，深入分析了环保组织对于企业环境行为表现的感知如何影响其行动策略选择（如策略压力、主导型策略转化）。在该部分上，本书选择了 C 和 D 两家组织进行分析。C 组织是一家关注隐性环境污染的民间环保公益组织，近些年 C 组织特别关注于一些潜在有毒化学品污染的现象。在其发起的"为电商去毒"的行动项目中，其分别向拼多多和淘

---

① ［美］约翰·吉尔林：《案例研究：原理与实践》，黄海涛等译，重庆大学出版社 2017 年版，第 98 页。

② 孙立平：《"过程—事件分析"与中国农村中国家—农民关系的实践形态》，《清华社会学评论（特辑）》，鹭江出版社 2000 年版，第 1—18 页。

宝采取了行动。由于拼多多和淘宝同为平台型企业，C 组织面向两家企业的行动过程较好地控制了一些竞争性因素，这为我们观察关键解释因素（环保组织对于企业环境表现感知）对于行动策略选择提供了契机。除此之外，在分析该组织所发起的"为电商平台'去毒'"项目，已经持续两年多，C 组织已经取得一些成功影响企业环境责任行为的经历，有利于更加详尽地了解行动过程、施加影响的方式以及组织的理性决策图景。不过由于该案例只是较好地呈现出情形变化与策略压力的动态调整，并且在我们感兴趣的理论维度上提供足够的变化。遗憾的是，其对两家企业的行动仍处于对抗性阶段，并没有呈现出主导型行动策略转化。为此，本书进一步纳入 D 组织作为补充案例。D 组织是一家致力于环境政策倡导、环境公益诉讼的环保社会组织，其实践中涉及很多生产性行业（如纺织、化工、火电等）企业环境责任监管的内容。在其发起的"为时尚去污"的项目中，D 组织与一些环境行为表现好的企业形成了战略合作关系，但是与一些环境行为表现差的企业仍处于施压对抗状态。该案例的好处是，较好地呈现了主导型策略的转化。

三　数据收集

在研究过程中，笔者分三个阶段进行案例资料的收集：第一阶段集中在 2019 年 4 月至 5 月，主要是搜集了国内涉及一些环保社会组织推动企业践行环境责任的行动案例，初步根据网络二手资料建立案例数据库；然后在案例数据库中不断进行筛选，进一步确定待调研的几家环保组织；2019 年 6 月至 11 月，主要是搜集关键环保社会组织推动企业践行环境责任的相关事例和资料，数据收集的形式主要包含了实地调研日记、一对一单独访谈、网络及论坛二手数据。一手资料的获取主要通过朋友介绍以及参加环保社会组织的活动，对环保组织的关键人物进行访谈。其中，在 2015 年 8 月，笔者曾做过 A 组织的志愿者，而 C 组织笔者则参加了该组织近一年的活动，与组织的负责人保持了紧密的联系，B 组织和 D 组织则在朋友的介绍下与其工作人员进行了访谈。笔者先后调研了四家环保组织，先后访谈 21 人，共计 30 人次，形成了共计 8 万字的访谈资料和观察日记。除了访谈资料以外，笔者还收集了四家环保组织网络公开的信息内容。其中二手数据资料包括与四家环保组织以及相关实践的新闻报道、内部刊物和档案材料，以及组织在线网站和微信公众号。通过借助多渠道的信息来源能够对组织与案例本身的实证数据形成三角验证；2020 年 5 月至 8 月，笔者再次对环保组织的相关负责人和工作人员进行了微信电话追访，对一些需要完善的资料和数据进行了调查和补充。基本收据收集情况如表 1 - 2 所示。

表 1 - 2　　　　　　　　　数据收集概况

访谈人次	访谈 21 人，共计 30 人次
访谈时长	约 30—60 分钟/人/次
数据收集方式	半结构化访谈、一对一式访谈、观察日记、二手数据
访谈对象	四家环保组织的相关负责人、组织员工及志愿者
访谈内容	（1）组织基本背景（包括组织成立实践、组织规模、组织使命、业务领域、取得的成就、面临的发展难题等） （2）相关具体事例（项目内容、项目发起初衷、项目发展历程、推动企业环境责任建设的策略和举措、影响力评估等） （3）开放式讨论（社会组织与企业的关系、环境治理合作共治等）

第五节　本书结构安排及技术路线图

本书在结构上共安排了七章内容，除绪论和结论与讨论部分外，正文部分共分为五章。

第一章绪论部分主要从中国环保组织发展以及企业践行环境责任的现实背景出发，在结合波兰尼"双向运动"理论观点的基础之上提出本书的研究问题。进而，阐述了研究的理论和现实意义，以及所涉及的关键核心概念和具体的研究设计，最后对全书的结构安排和主要内容做一预告。

第二章梳理了与本书密切相关的两大文献脉络，即环保组织参与环境治理的行动研究和推动企业环境责任建设的三种作用路径。其中，环保组织参与环境治理的行动研究主要从国家主导视角和合作共治视角进行了梳理，而影响企业环境责任建设的三种作用路径，则概括为政府规制的路径、社会参与的路径和企业管理的路径。在文献梳理的过程中，一是为了明确本书议题的相关进展，二是突出本议题在尝试现有研究基础中的理论贡献和意义。

第三章主要提出本书的理论分析框架。首先阐述了本书所运用的三个理论基础，分别为利益相关者理论、资源依赖理论和企业环境战略理论。进而，基于已有的经验数据和理论支撑，从"环保组织和企业关系的依赖性"和"环保组织使命和企业环境行为表现的兼容性"两个关键维度建立本书的分析框架，试图解释环保组织究竟在何种情形之下采取何种行动策略，提出本书的相关理论命题。

第四章主要对环保组织推动企业践行环境责任行动的这一关键议题进行了梳理。一方面，从社会组织管理政策、环境保护议题在中央政策中的关注度、政府对企业环境责任的重视程度、环保组织行动空间的拓展和全球企业社会责任运动的推动五个方面分析环保组织行动发生的制度背景和有利条件；另一方面，研究详细梳理中国环保组织推动企业践行环境责任行动的发展历程、相对优势和面临的现实挑战。此章的目的主要是为了研究议题提供基础支撑，为下一步行动策略的研究提供背景知识。

第五章主要从静态视角分析了不同特定情形下环保组织推动

企业践行环境责任的行动策略运用。章节主要以 A 和 B 两个组织的四个故事展开，分别论述了不同情形下所对应的主导型策略。包括"依赖—兼容"情形下的促进主导型策略、"依赖—非兼容"情形下的督促主导型策略、"非依赖—兼容"情形下的合作主导型策略和"非依赖—非兼容"情形下的对抗主导型策略。章节的最后，再次对这四组"情形—策略"进行了横向比较分析，并深度分析了特定情形之下，环保组织决策分析的内在机制，其中对于关系依赖性的内在作用机制主要体现在环保组织对于是否保有企业关系或者退出企业关系的机会成本衡量；而兼容性的内在作用机制主要体现在企业环境行为表现是否与环保组织使命具有共识性。

第六章主要从动态视角分析了情形变化与环保组织推动企业践行环境责任行动策略的动态调整。由于现实中，环保组织与企业的关系在一定时期内具有稳定性，但是企业环境行为表现却具有动态性。因此，本章节从动态的视角分析环保组织如何依据企业环境行为表现的回应性感知而适时地作出调整，研究设计采用比较历史分析的方法，分别选择了 C 和 D 两家组织的两个代表性行动项目展开分析，因为这两个行动项目中涉及多家行动对象，故而为我们观察其中的企业环境行为表现提供了重要视角。研究发现，企业回应态度和企业回应实质举措对于环保组织的策略动态调整起着显著影响。

第七章作为本书的最后一章，首先对前述论证中的研究发现进行了总结，然后对研究中所涉及的一些关键疑惑进行了讨论，如环保组织推动企业践行环境责任的效果如何、在弱势结构性地位中如何借力以及市场扩张和社会反弹的"双向运动"是否继续。最后，研究对环保组织推动企业践行环境责任的行动分别从政府、企业、社会组织三方视角提出对策建议，并对研究贡献、研究的不足和下一步需要努力提升的方向进行了探讨。本书技术路线具体见图 1-1。

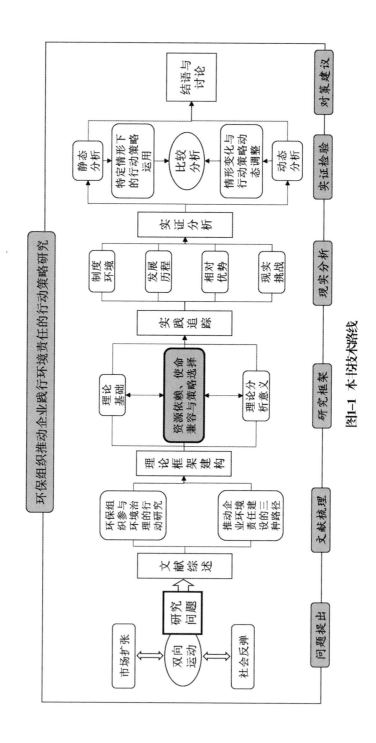

图1-1 本书技术路线

第 二 章

文献综述

本章主要选择与本书议题密切相关的文献脉络进行综述和讨论：社会组织参与环境治理的行动研究以及推动企业环境责任建设的经典路径。其中，社会组织参与环境治理的行动研究主要从国家主导视角和合作共治视角出发，分析了当前中国社会组织参与环境治理行动的主要特征、功能作用和行动策略；在此基础上，本章进一步对推动企业环境责任建设的三种经典路径进行回顾，主要包括政府规制路径、社会参与路径和企业管理路径，从中我们可以看到各个作用路径影响企业环境责任建设的相对优势、行动特点和具体策略。在最后一部分，我们对本章进行了总结和述评，进一步指出已有研究中存在的不足之处以及本书可能拓展的研究空间和理论贡献，从而明确本书在已有文献脉络中的位置和关联。

第一节　环保组织参与环境治理的行动研究

环境治理是中国社会组织最早参与的行动领域，也是当前最为活跃的领域之一。特别是面对日益复杂和严峻的环境问题，以往单纯依赖政府的环境管理模式已经显得捉襟见肘，通过积极引入社会力量参与，整合多方优势，实现环境治理的合作共治成为一种必然趋势。因此，自 20 世纪 90 年代以来，许多海内外的中国研究学者逐渐把目光投向中国社会中新出现的结构性变化，开始将社会组织作为理解中国政府职能转变、国家与社会关系互动的重要切入口，来探讨其背后的政治社会意义。并且相当一部分研究聚焦于中国的绿色环保主义行动，分析现实情景中国家与社会力量的复杂互动和动态过程。这种动态过程既包括环保组织在国家中心主义视角下的策略运用，也包括其在发展组织能力、提升自主性方面的努力。[1] 诚如米格代尔所言："国家和社会都不是固定的实体，在相互作用的过程中，他们的结构、目标、支持者、规则和社会控制都会发生变化，它们在不断地适应当中。"[2] 在环保组织参与环境治理的行动研究中，我们可以从两个视角进行梳理：一方面，关注于国家主导下环保组织的绿色行动特征及其策略；另一方面，关注于合作主义视角下环保组织参与环境治理中与政府合作共治的行动。

一 国家主导的视角

此路径以"国家主导"的特征为前提，据此分析在面对国家约束性情境之下，社会组织究竟如何与国家建立关联，从而更好地契合政府的需求和利益，参与到社会治理的过程当中。特别是20 世纪70 年代后，以《找回国家》为标志的国家主义学派逐渐兴起，他们试图重新将"国家"找回来，来更好地解释政治、经济、社会的问题与变化。在国家主义学派看来，"国家的重要性主要体现在两个方面：第一个方面是国家的结构、功能与行动可以无意识地影响社会；第二个方面是国家作为一个独立行为者对社会以及其他国家的有意识的影响上"。[3] 那么依循这两个方面，

① Pei, Minxin, "Chinese Civic Associations: An Empirical Analysis", *Modern China*, Vol. 24, No. 3, 1998.

② Joel S. Migdal, *State in Society: Studying how States and Societies Transform and Constitute One Another*, Cambridge University Press, 2001, p. 57.

③ 朱天飚：《比较政治经济学》，北京大学出版社 2006 年版，第 88 页。

我们可以从以下两种思路来进行阐述：一是分析作为能动性的国家是如何有意识地通过与社会组织的互动来实现自己的意愿；二是分析现有国家治理结构下社会组织如何回应和采取行动。

从国家能动性的取向而言，国家作为独立行为体具有自己的"理性判断"和"利益诉求"，其可以根据自身的行为逻辑来工具性地处理与社会组织间的关系。在国家主义学派中，其实早期已经有一批代表性学者分析了国家在基层社会秩序中的权力运作方式和目标。如蒂利认为国家政权建设是现代化过程中民族国家的重要组成部分，其基本目标是国家在基层秩序中实现对社会的有效渗透和公共秩序建构。[1] 迈克·曼提出了"专断性国家权力"和"建设性国家权力"的划分，其中"建设性国家权力"是指国家权力渗透到社会空间中来调整社会活动以及增强其执行政策的能力。[2] 在这一大的研究脉络之下，国内许多学者在中微观层面做了诸多具有本土特色的实证研究和理论探索。如康晓光认为中国大陆社会组织的发展远没有从国家那里获得相应的自主性，政府依旧处于支配地位，要理解中国大陆社会领域的结构或国家与社会关系必须把握"行政主导"这一大前提。[3] 特别是社会组织具有协助和威胁政权稳固的双重属性，这使得威权主义政体随时可以采取先发制人的战略来"浮动控制"社会组织生存的制度空间。[4] 王磊以当代中国环境治理为背景，认为环境治理中的动员风险和污染风险催生了国家的控制战略和主导策略。控制战略限制了以环保 NGO 为载体的结构性资本生长，主导策略则塑造了国

---

[1]　Charles Tilly, *The Formation of National States in Western Europe*, Princeton：Princeton University Press, 1975, p. 609.

[2]　Michael Mann, *The Source of Social Power*, Vol. 2：*The Rise of Classes and Nation-States*, 1760 – 1914, Cambridge：Cambridge University Press, 1993, pp. 59 – 61.

[3]　康晓光、蒋金富：《政府—社会组织博弈研究》，世界科技出版社 2013 年版，第 9 页。

[4]　Huang, Guangsheng V. , "Floating Control：Examining Factors Affecting the Management of the Civil Society Sector in Authoritarian China", *Social Movement Studies*, Vol. 17, No. 4, 2018.

家与环保 NGO 的"主导—附庸"关系。① 因此，中国的环保社会组织为了有效地参与环境治理而必须使自身行动方式保持一定程度的合法化。毕竟到目前为止，中国的绿色行动主义并不是以发生于政府权力机构的对抗作为目标，而大多情形下是以小规模、分散化以及地方化的形式存在。皮特·何曾在其代表性著作《嵌入式行动主义在中国》中专门分析了在限制性政治环境中环保社会组织行动的特征，认为区别于西方国家的环境社会运动以及环境抗争，中国环保组织的行动范围主要囿于一些地方抗议、自愿植树以及回收废物的活动。可以说，在半威权的政治体制下发生的社会运动基本上是不可见的，这种不可见的社会运动是环保组织通过自律以及自觉保持在环境领域的"去政治化"理念实现的，并将这种行动特点称之为"嵌入式绿色行动主义"。② 有趣的是，在皮特·何看来，中国的嵌入式环境虽然表面上对于环保社会组织的行动产生了制约和约束，但是却无形中提升了环保组织的行动能力。一方面，环保社会组织为了获得生存和行动的合法性支持不得不依赖于国家。它们往往需要对组织活动的内容和策略进行自我审查，尽量避免显示出任何与政策失洽的暗示。另一方面，环保组织通过嵌入式纽带与党、国家和社会之间建立了非正式关系，使其成为可利用的动员资源，有效地促进工业、政府以及消费者生活方式趋向"绿化"。③ 因此，从总体上而言，当代中国环保组织的行动与西方环境运动存在巨大差异，这种策略突出表现为"在行动中日益迎合政府的支持而不是寻求与国家进行

---

① 王磊：《国家策略中的社会资本生长逻辑——基于环境治理的分析》，《公共管理学报》2017 年第 4 期。

② ［荷］皮特·何、［美］瑞志·安德蒙：《嵌入式行动主义在中国：社会运动的机遇与约束》，李婵娟译，社会科学文献出版社 2012 年版，第 4 页。

③ Ho, Peter, "Greening Without Conflict? Environmentalism, NGOs and Civil Society in China", *Development and Change*, Vol. 32, No. 5, 2001; Ho, Peter, "Embedded Activism and Political Change in a Semiauthoritarian Context", *China Information*, Vol. 21, No. 2, 2007.

潜在的危险对抗"，只要环保组织的行动能够与国家总体的政策目标保持一致，它们就可以获得一定程度的自主性。

从国家治理结构和社会组织行动的取向而言，是要打破"国家"被视为一体化的整体性思路，深入分析在制度复杂性下社会组织的行动空间与行动策略。李侃如曾提出"碎片化权威主义"的观点，指出："中国的国家结构并不是一个完整的实体，而是由许多拥有不同程度自主权的机构所组成，不同科层机构在功能上相互分割，条块之间经常存在张力。"① 因此，尽管中国政治体制具有高度的权威性，国家处于主导型地位，但是条块所构成的组织结构是分立的，使得真正的权威支离破碎。也正因为治理结构的复杂性，导致中国社会组织与国家的互动更加复杂多变。如：有一些研究却认为在国家主导的约束性条件之下，社会组织作为能动者却能够权宜性地生产利益、权力和权利诉求及生活策略和技术，来进一步扩大其行动范围和自主能力。② 例如湛学勇和邓穗欣对 2003—2005 年和 2009—2010 年两个时间段的全国 28 家环保组织研究发现，在 2005 年之后，环保组织在政策倡导领域就开始日趋活跃。③ 陆健等基于组织学习的视角，进一步回应了何以中国的环保组织越来越多地参与到政策倡导行动，研究发现，环保组织的组织学习和知识转化能力在其中发挥着关键作用，这也推动了研究从已有结构性因素开始转向组织内部的深层

① Kenneth Lieberthal, Michel Oksenberg, *Policy Making in China: Leaders, Structures, and Processes*, Princeton: Princeton University Press, 1988; Kenneth Lieberthal and David Lampton, *Bureaucracy, Politics, and Decision Making in Post-Mao China*, Berkeley: University of California Press, 1992.

② 肖瑛:《从"国家与社会"到"制度与生活":中国社会变迁研究的视角转换》,《中国社会科学》2014 年第 9 期。

③ Zhan, Xueyong, and Shui-Yan Tang, "Political Opportunities, Resource Constraints And Policy Advocacy of Environmental NGOs in China", *Public Administration*, Vol. 9, No. 2, 2013.

动因。① 此外，部分学者主张打破"国家"被视为一体化的整体性思维，深入分析在制度复杂性下社会组织的行动自主性与行动策略。

安子杰基于中国的草根 NGO 的田野调查发现，国家碎片化的治理结构为草根 NGO 的发展实际上提供了生存机会。它们关键的生存策略就是识别和利用不同政府级别之间以及任何既定政府内部的观点差异，来寻求资源支持和达成联盟的可能性。虽然在中央层面对于草根 NGO 的发展态度是相对比较严格的，但是草根 NGO 只要不进行权威挑战并能减轻政府对于公共需求的治理负担，那么双方之间便能够相对默契地达成"权宜共生"的关系。② 黄晓春、嵇欣指出，在中国的宏观政策领域存在多种政策信号，从而导致下级政府会受到多重治理逻辑并存甚至冲突矛盾的现象，这诱发了社会组织采取各种灵活的组织策略来发展自主性。特别是与不同"条""块"部门之间的密切程度塑造了社会组织嵌入地方行政网络不同的组织特征和自主性效果。③ 正是基于国家治理结构的复杂性，一些学者站在社会组织的视角来分析中国环保组织的行动特征和策略。王信贤借鉴公共选择学派"理性人"的假设，在碎片化国家治理结构的基础之上进一步提出"自利官僚竞争"的观点，指出正是各条块部门具有自身利益最大化的行动特点，使得国家与社会组织的互动更加复杂，并拉大了社会组织的行动空间。他以中国环保组织反建怒江大坝事件为例，分析了实践中环保组织既没有完全为国家所控制，也没有获得完

① 陆健、齐晔、郭施宏、张勇杰：《组织学习、知识生产与政策倡导——对环保组织行为演变的跨案例研究》，《中国非营利评论》2019 年第 2 期。

② Anthony J. Spires, "Contingent Symbiosis and Civil Society in an Authoritarian State: Understanding the Survival of China's Grassroots NGOs", *American Journal of Sociology*, Vol. 117, No. 1, 2011.

③ 黄晓春、嵇欣：《非协同治理与策略性应对——社会组织自主性研究的一个理论框架》，《社会学研究》2014 年第 6 期。

全的自主性，而是通过利用国家内部各部门的利益分歧来寻找自己的活动机遇。① 李朔严通过观察不同阶段环保组织在倡导行为上的差异发现，环保组织会权宜主动地嵌入碎片化的官僚体系之中，通过寻找多头政府部门建立合作关系与发展机遇。这样的制度联系不仅扩充了组织资源的渠道，而且多方支持为组织项目活动提供了合法性支持，扩展了环保组织的行动空间，更加有助于公共诉求的表达。② 不过在其后来对三个草根环保 NGO 的多案例比较研究中，发现制度关联对与草根 NGO 政策倡导的影响呈现出倒 U 型关系，制度关联对于环保组织政策倡导的最佳效果则可能是与政府保持一种适度的关系，否则与政府联系紧密或者关系较弱都不利于政策倡导效果。③ 叶托基于中国政府出台的很多针对环保社会组织的制度安排发现，实际上国家根据制度的调整方式和功能定位为环保组织塑造了不同的制度安排，包括机会扩展型、机会收缩型、资源支持型和资源抽离型。为了适应这四种不同的制度安排，环保组织可以主动地调适自己的行动，在政治机会层面可以采用回避策略、用足策略和权变策略；在资源层面，可以采取"断羊奶""吃母乳"和多元化的策略。④

二　合作共治的视角

合作共治旨在关注环境治理中不同的社会行动者，包括政府、企业、专家学者、社会组织、新闻媒体等能够通过跨部门、跨边界、跨层次的合作来实现共同治理环境问题，从而增进社会福利

---

① 王信贤：《争辩中的中国社会组织研究："国家—社会"关系的视角》，韦伯文化国际出版有限公司 2006 年版，第 46—51 页。

② 李朔严：《新制度关联、组织控制与社会组织的倡导行为》，《中国非营利评论》2018 年第 2 期。

③ 李朔严：《政治关联会影响中国草根 NGO 的政策倡导吗？——基于组织理论视野的多案例比较》，《公共管理学报》2017 年第 2 期。

④ 叶托：《环保社会组织参与环境治理的制度空间与行动策略》，《中国地质大学学报》（社会科学版）2018 年第 6 期。

和公共利益。① 这一理念来自于修正主义的国家主义理论的发展以及治理理论的兴起，越来越多的国家主义者认识到国家与社会力量的对立抑或国家对于其他社会行动者的忽略和强制力支配都是错误的，国家建设本身是需要通过社会来实现其目标，甚至在某些情况下，国家和社会力量可能互为依据，能够为双方创造更多合作效益。② 而治理理论也期待在政府部门、市场部门和第三部门之间能够彼此形成一种有意义的合作协议。由于这些组织部门的属性各有不同，使得不同的参与方能够超越各自的视野局限从不同的角度来审视问题，从而形成建设性的解决方案。③ 在这个过程中，合作是必要的且合乎需要的，由于跨部门合作更有可能在动荡的环境中形成，且持续性地受到制度环境的约束，这需要多个部门通过组织链接、共享信息和资源来减少复杂环境中的不确定性和交易成本，以共同实现单一部门无法单独实现的结果。④ 而环保组织作为环境共治中的重要主体，越来越成为环境治理中不可忽视的角色。相关研究表明，环保 NGO 在开展环境宣传教育、保护生物多样性、推动公众环保参与、参与环境政策制定、援助环境污染受害者以及参与全球环保交流活动等方面具有

---

① Barbara Gray, *Collaborating: Finding Common Ground for Multiparty Problems*, San Francisco: Jossey-Bass, 1989; Kirk Emerson, Tina Nabatchi, Stephen Balogh, "An Integrative Framework for Collaborative Governance", *Journal of Public Administration Research and Theory*, Vol. 22, No. 1, 2012; Taco Brandsen and Victor Pestoff, "Co-production, the Third Sector and the Delivery of Public Services", *Public Management Review*, Vol. 8, No. 4, 2006.

② Joel S. Migdal, Atul Kohli and Vivienne Shue, *State Power and Social Forces: Domination and Transformation in the Third World*, New York: Cambridge University Press, 1994.

③ Barbara Gray, Jill Purdy, *Collaborating for Our Future: Multistakeholder Partnerships for Solving Complex Problems*, Oxford: Oxford University Press, 2018.

④ John M. Bryson, Barbara C. Crosby and Melissa Middleton Stone, "The Design and Implementation of Cross-sector Collaborations Propositions from the Literature", *Public Administration Review*, Vol. 66, 2006.

明显的优势。① 其对于弥补科层制管理体系的弊端、加强企业环境责任的外部监督、提升环境治理领域的参与式民主、降低环境的利益冲突等方面具有重要意义。②

当然，区别于国家主导的视角，合作共治视角下环保组织参与环境治理的行动从管理模式、互动程度以及互动机制等方面也发生了很大变化。在管理模式上，政府对于社会组织的控制与命令转向了对于环保组织之间的合作行动与伙伴关系的建构，更加突出和强调公众和环保组织参与的价值与意义。③ 尤其是，随着人类社会从工业社会向后工业社会的迈进，人类已经进入高度复杂性和高度不确定性状态，需要构建适应社会治理主体多元化的新型社会体制来应对后工业化的压力。这其中最为重要的就是要打破政府本位主义，在实现中心—边缘结构消解以及平等关系确立的基础之上，政府与社会力量才能生成共同行动的凝聚力。④任丙强发现在环境冲突中，环保组织与政府具有十分契合的合作基础，特别是环保组织在环境领域的专业性可以弥补政府环保机构的不足，提升政策执行力，当然这种协作的治理模式需要政府在此关系中发挥决定性作用。与此同时，环保组织在化解环境冲突中的理性化措施，有利于降低环境冲突事件的发生。⑤ 在互动程度上，社会组织与政府、公众之间的合作行动不断得到提升，

① 王名、佟磊：《NGO 在环保领域内的发展及作用》，《环境保护》2003 年第 5 期；郭晓勤、欧书阳：《中国环境 NGO 角色定位：问题与对策》，《西南民族大学学报》（自然科学版）2010 年第 4 期。

② 刘新宇：《社会管理创新背景下深化社会组织环保参与的研究》，《社会科学》2012 年第 8 期。

③ Jing, Yijia, and Bin Chen, "Is Competitive Contracting Really Competitive? Exploring Government-Nonprofit Collaboration in China", *International Public Management Journal*, Vol. 15, No. 4, 2012.

④ 张康之：《论主体多元化条件下的社会治理》，《中国人民大学学报》2014 年第 2 期；张康之：《合作治理是社会治理变革的归宿》，《社会科学研究》2012 年第 3 期。

⑤ 任丙强：《以环保组织化解环境群体冲突：优势、途径与建议》，《中国行政管理》2013 年第 6 期。

多主体之间的跨部门合作也逐渐呈现出网络化的互动，社会组织参与环境治理的重要性不断得到认可。① 而环保组织基于信任、规范、关系网络等社会资本，增强了分散个体参与无法达成的制衡力，提升了与政府、企业双方对话的行动能力。② 在互动机制上，政府与环保组织的联系、协调与合作机制逐渐完善，政府通过购买服务、定期协商、政策咨询等举措引导环保组织参与环境治理。③ 而环保组织在合法性、资源、政策支持方面更加深度地嵌入于国家，双方实现了共生式发展。④ 李宁、王义保认为环保组织在参与环境冲突中具有价值无涉的非利益相关性，从而有助于在其中发挥利益协调、规避冲突风险的作用。⑤ 董石桃和刘洋基于政策过程的视角，以嘉兴环保组织参与环境保护模式为例，重点分析了环保组织的协商功能，发现其有利于实现意见表达、诉求沟通、关系协调和执行监督的作用。⑥

不过，也有一些西方学者对于中国环保组织参与环境治理的合作行动表示怀疑。认为在中国的党政体系中，环保组织的发展长期处于政府的严格控制之下，环保组织的行动本身只是为了提升国家的绿色形象，而在真正的政策参与过程中，却不会被允许

① 杨立华、张云：《环境管理的范式变迁：管理、参与式管理到治理》，《公共行政评论》2013 年第 6 期。

② 燕继荣：《社区治理与社会资本投资——中国社区治理创新的理论解释》，《天津社会科学》2010 年第 3 期。

③ 王名、胡英姿：《探索政府与环保社会组织的合作共治》，《环境保护》2011 年第 12 期。

④ Stephen P. Osborne and Kate McLaughlin, "The Cross-Cutting Review of the Voluntary Sector: Where Next for Local Government-Voluntary Sector Relationships?", *Regional Studies*, Vol. 38, No. 5, 2004；王清：《共生式发展：一种新的国家和社会关系——以 N 区社会服务项目化运作为例》，《中共浙江省委党校学报》2017 年第 5 期；纪莺莺：《从"双向嵌入"到"双向赋权"：以 N 市社区社会组织为例——兼论当代中国国家与社会关系的重构》，《浙江学刊》2017 年第 1 期。

⑤ 李宁、王义保：《环保组织在环境冲突治理中的作用机制探析——基于利益、价值与认知视角》，《云南行政学院学报》2015 年第 3 期。

⑥ 董石桃、刘洋：《环保社会组织协商的功能及实现：基于政策过程视角的分析》，《教学与研究》2020 年第 1 期。

发挥积极作用。[1] 然而，这一观点难免有所偏颇，一些学者后来也通过实证检验进行了有力的回应。如朱旭峰基于 2006 年中华环保联合会进行的全国环境民间组织调查数据分析发现，随着多样化的环保 NGO 在中国出现，环保 NGO 对中国环境治理的影响力也在扩大。[2] 安德森等从环境政策执行领域入手，分析了环保非政府组织对于中央政府环境监管的影响。发现随着中国环境信息公开力度增强，由环保组织所创建的污染源监管信息公开指数（PITI）提升了地方政府环境信息公开的透明度。而且部分城市官员表示 PITI 指数加强了威权政体中地方政府在政策执行中的合规性，特别是环境信息的公共评级降低了中央政府对地方政府合规行为的监控成本，这也意味着，有效地推动社会力量参与环境监督有利于提升政府在环境治理上的效能和绩效水平。[3] 总体而言，"多元主体、合作共治"是中国环境治理发展的必然趋势，社会组织参与其中的广度与深度也会逐渐提升。

第二节　推动企业环境责任建设的三种作用路径

本书另一部分重要文献是关于企业环境责任建设的问题。由于此方面的内容涉及经济学、工商管理学、社会学、环境工程与科学、政治学等多个学科，知识体系繁杂。笔者主要从公共管理和工商管理学科的视角出发，梳理企业环境责任建设的相关内容。在该部分的综述中，笔者主要聚焦于推动企业环境责任建设

---

[1]　Lo, Carlos, and Sai Leung, "Environmental Agency and Public Opinion in Guangzhou: The Limits of a Popular Approach to Environmental Governance", *The China Quarterly*, Vol. 163, 2000.

[2]　朱旭峰：《转型期中国环境治理的地区差异研究——环境公民社会不重要吗?》，《经济社会体制比较》2008 年第 3 期。

[3]　Anderson, Sarah E., et al., "Non-Governmental Monitoring of Local Governments Increases Compliance with Central Mandates: A National-Scale Field Experiment in China", *American Journal of Political Science*, Vol. 63, No. 3, 2019.

的三种传统路径，分别为政府规制的路径、社会参与的路径和企业管理的路径。分析不同路径下推动企业环境责任建设的作用方式。

一 政府规制的路径

一般而言，政府在推动企业环境责任建设方面主要是通过政府规制的方式。"规制"的译介是来自英语当中的"Regulation"或"Regulation Constraint"一词，主要表示按照规则进行管制、制约的行动。也有学者将其翻译为"管制"，由于在汉语的语境中"管制"一词具有强制、统制的语义，所以在国内学术界最早借鉴了日本语中的翻译，采用了"规制"的译法，这主要以朱绍文、胡欣欣等翻译日本学者植草益的《微观规制经济学》一书为标志。在该书中，植草益认为规制是指社会公共机构依据一定的规则对构成特定社会的个人和构成特定经济的经济主体的活动进行限制的行为。[①] 这里的社会公共机构包括立法机关、行政机关和司法机关。但是从一般意义上讲，对于规制行为的研究主要聚焦于行政机关的规制行为，也被称为"政府规制"。西方国家对于政府规制的研究起步较早，始于19世纪80年代，其主要源于微观经济学与产业组织理论的发展，主要探讨在市场失灵之后，政府如何采取矫正措施来修正市场机制的结构性缺陷，避免市场经济运行给社会所带来的弊端和负面影响。换言之，政府规制实际上是对市场失灵的反应，是为了克服市场配置资源缺陷而对微观经济主体进行的有意识的干预。虽然在市场经济演进的过程中，早期的古典经济学传统认为"管得最少的政府就是最好的政府"，提倡政府尽量不要干预微观经济活动，做好"守夜人"的角色。但是市场机制配置资源的功能也会存在失灵状况，如由于

---

① ［日］植草益：《微观规制经济学》，朱绍文等译，中国发展出版社1992年版，第1页。

垄断、外部性、共用品、信息不完全等因素的存在，仅仅依靠价格机制来配置资源无法实现效率的帕累托最优，故而现实经济中市场失灵的情况是广泛存在的。比如，由竞争引起资本集中所自发导致的垄断、信息不对称下生产者与消费者交易中的假冒伪劣行径以及市场主体行为所发生的外部性，等等。这一切意味着对于市场机制的过度迷信，只会陷入"市场乌托邦"之中。所以在现代经济中，市场经济的有效运行有赖于政府实施有效的规制行动，需要在适应市场机制的基础上对于微观经济主体的行为予以调整和干预。20 世纪以来，政府规制的经济理论逐渐形成，并先后经历了公共利益理论、规制俘获理论、放松规制理论和激励性规制理论等阶段。[①] 这些不同时期的理论分别对政府规制介入市场活动的原因、程度、范围、方式和效果进行了广泛的讨论，进一步丰富了规制经济学的内容。

从政府规制涉及的内容而言，一般学术界将其区分为经济性规制与社会性规制。[②] 由于政府规制的兴起最初是对于市场失灵的回应，因此在其发展之初主要是以经济性规制为主。所谓经济性规制是指在自然垄断和存在严重信息不对称（信息偏在）的领域，为了防止资源配置低效和确保公民的使用权利，政府规制机构运用法律手段，通过许可和认可的方式，对企业的进入、退出及提供产品或服务的价格、产量、质量等进行规范和限制。社会性规制则是指为确保居民生命健康安全、防止公害和保护环境为目的所进行的规制，是主要针对经济活动中发生的外部性的调节政策。社会性规制是属于政府规制活动的新的进展，特别是伴随着人们生活质量要求的提升以及对于环境、安全、健康问题的关

---

① 杨宏山：《政府规制的理论发展述评》，《学术界》2009 年第 4 期；杨宏山：《发达国家的政府规制改革及其启示》，《人文杂志》2009 年第 4 期。

② 谢地主编：《政府规制经济学》，高等教育出版社 2003 年版，第 4 页；曲振涛：《规制经济学》，复旦大学出版社 2006 年版，第 5 页。

注，自 20 世纪 70 年代开始，政府规制重心开始延展到环境质量、产品安全以及工作场所安全的管制。而这种以维护环境、安全、健康为目的的政府规制成为了西方学者开始强调的"新浪潮"，"社会性规制"的变化波及各种产业。① 例如，20 世纪 70 年代以后，美国设立了环境保护局、消费者安全委员会、职业安全与健康管理局等政府规制机构，社会性规制在西方国家规制中的比重大幅提升。其中一些经济学家将规制纳入环境中，大量有关环境规制和政策的文献开始问世，环境规制成为规制经济学研究中的一个新兴热点领域。②

人类社会的生存发展与环境密切相关，环境状况的好坏在很大程度上决定了人类生活的状况。但是在经济快速发展的过程中，由生产和消费所引起的环境污染越来越严重，并且已经严重影响到公众的健康生活，这使得政府对环境问题进行规制十分必要。如果我们依循之前社会性规制的内涵，那么所谓的环境规制是指政府为了纠正环境污染的负外部性影响以及加强环境污染的治理，通过运用直接或间接的环境规制手段来对微观市场经济活动加以约束和干预，从而促使生产者和消费者在做出决策时将外部成本内部化，以达到提升环境绩效，促进环境、经济与社会可持续发展的目标。

在现实生活中，针对环境问题之所以需要进行环境规制，实际上是受到环境问题本身特性的影响。由于因市场配置失灵所引致的环境问题与其他市场能够有效配置的普通物品（商品）有所不同，环境具有负外部性、公共物品、产权不明晰等一系列特殊属性，而污染型企业往往缺乏足够的动机去改善其引致的环境问

---

① ［美］丹尼尔·F. 史普博：《管制与市场》，余晖等译，上海三联书店 1999 年版，第 30 页。

② William J. Baumol, Wallace E. Oates, *The Theory of Environmental Policy：Externalities，Public Outlays and the Quality of Life*, Englewood Cliffs, NJ：Prentice-Hall, 1975.

题，出现环境责任失职的现象，这使得政府对环境问题进行规制十分必要。① 从目前世界各国环境规制来看，政府在环境和资源管理中采取了多种方式。我们按照政府赋予市场经济主体裁量空间的大小或者自由度的不同，将环境规制划分为命令控制型环境规制、基于市场的激励型环境规制和自愿型环境规制（如表 2 – 1 所示）。②

表 2 – 1　　　　　　　　　　　环境规制的类型和具体手段

	命令控制型环境规制	基于市场的激励型环境规制	自愿型环境规制
规制自由度	弱	中	强
规制主体	政府	政府 + 企业	企业 + 行业协会
规制机制	权威	权威 + 竞争	自主 + 网络
规制手段	法律手段 行政手段	经济手段（价格、税收、信贷等）	自行选择
具体方式	单行法、行政性法规、部分规章等 排污收费制度、环境影响评价制度等	税收税费制度 财政补贴和金融政策 排污权交易制度 押金—返还制度	ISO14001 环境管理体系标准 清洁生产 环境标志

命令控制型环境规制是指政府通过制定相关的法律、法规和政策文件，通过权威性的行政性手段来直接管制污染者必须遵守相应的环境标准、排污目标和技术。命令控制性规制具有鲜明的强制力和制裁力，一般规制者会对污染者需要遵守的排污数量、技术和标准进行明确的规定，对于被规制的污染型企业而言很难

---

① 沈满洪、何灵巧：《外部性的分类及外部性理论的演化》，《浙江大学学报》（人文社会科学版）2002 年第 1 期；Garrett Hardin, "he Tragedy of the Commons", *Science*, No. 1, 1968；赵敏：《环境规制的经济学理论根源探究》，《经济问题探索》2013 年第 4 期。

② 张嫚：《环境规制约束下的企业行为》，经济科学出版社 2010 年版，第 20—60 页；李万新：《中国的环境监管与治理——理念、承诺、能力和赋权》，《公共行政评论》2008 年第 5 期。

具有自由的选择权,必须要严格遵守法律规定的相关内容,否则将受到相应的行政处罚。在具体的规制手段中,命令控制型环境规制可以划分为法律手段和行政性手段。法律手段是世界各国最早治理环境污染所采用的方法。20世纪60年代以来,随着环境污染的恶化,各国开始通过制定环境法规来调整人们对于资源的开发与利用以及环境污染和生态破坏行为。从环境法规体系来看,主要包括国家对于环境保护的基本法和单行法、行政性法规和地方性法规以及各种部门规章等。例如,中国主要的环境单行法包括《海洋环境保护法》《草原法》《水污染防治法》《大气污染保护法》《固定废物污染环境防治法》等。主要的行政性法规有《化学危险品安全管理条例》《噪声污染防治条例》《城市绿化条例》等。这些都是调整特定环境关系的专门性法律。这其中既包括对污染物类别、污染排放量、生产原料、能源投入的控制,也包括对环境质量标准、环境保护基础标准以及技术方法标准的限制性规定。这些基础性法律法规可以说对于在控制环境污染、强化环境管理、改善环境质量方面发挥着重要作用。除了以上法律手段之外,行政手段同样是命令控制型环境规制的重要方式,行政手段实际上是将以上国家的相关环境法律法规、政策转化为具体实践的过程,从而推动环境法规的落地和实施。中国历来重视环境行政手段的应用,并且形成了一系列具有代表性的制度措施,例如排污收费制度、环境影响评价制度、"三同时"制度、排污许可证制度、环境监测制度,等等。总体而言,虽然命令控制型环境规制是一种传统的环境规制模式,但是这仍然是目前世界各国所普遍采用的主要措施,因为无论是从理论还是实践来看,命令控制型环境规制通过挥舞"大棒"的方式能够有效地约束被规制者的行为,使得环境治理的成效能够在短期内得到较大改善。然而,命令控制型环境规制手段的采用在实践中面临较大的执行与检测成本、信息搜寻成本,并且对于一些非点源污染、移动性污染问题处理上相对无效。这为其他环境规制工具的探索提供了机遇。

　　基于市场的激励型环境规制是指政府采用基于市场机制的经济性工具，利用价格、税收、信贷等经济杠杆来调控污染者的排污行为，使市场中的经济主体负担环境污染的经济代价，从而促使其选择有利于环境保护的生产和消费方式。这种以市场为基础的环境规制方式源于 1972 年 OECD 所倡导的"污染者付费原则"，之后在世界各个国家逐渐开始使用并延用至当前，经济性工具的种类不断丰富，制度设计也更为完善。常见的经济性规制手段包括：税收税费制度，如排污收费、产品收费、废弃物或能源使用收税等；财政补贴和金融政策，如税收减免、低息或贴息贷款、补助金制度等；排污权交易制度；押金—返还制度等。相较于命令控制型环境规制而言，基于市场的激励型环境规制给予被规制者较大的自由裁量空间和选择余地，其充分利用市场中的价格信号来调整资源、商品的价格，使其将环境成本包含在生产和消费过程中，从而激励被规制者能够采取有效的措施，减少环境污染的行为。特别是涵盖环境成本的资源和商品直接与企业的经济效益相挂钩，这意味着如果企业想要获取利润的最大化，就必须加强企业生产技术的创新，开发具有较低污染成本的控制技术，从而实现企业污染成本的降低。因此，相对于命令控制型环境规制，被规制者并非是在"大棒"的束缚下被动履行的状态，而是在"胡萝卜"市场机制的诱导下，主动致力于生产技术的创新以及企业环境责任的履行，这既极大地降低了命令控制型环境规制的监督和执行成本，同时经济工具的使用为企业进行污染治理的创新提供了内在持续的竞争动力。

　　自愿型环境规制是指给予企业环境治理上较大的自由裁量权，在政府干预相对较小或者没有干预的情况下，市场经济主体自身或者行业协会和第三方独立机构可以作为发起人，激励促进企业

自发地履行企业环境责任，允许企业根据自身实际情况，自行选
择提升环境治理绩效的措施和方法。① 因此，从自愿型环境规制
的发起主体而言，不仅涵盖政府、企业自身，一些行业协会、非
政府组织，甚至一些独立的第三方机构也可以作为参与主体。②
我们知道环境具有公共物品的属性，由于其非竞争性和非排他性
的特点，使得市场经济主体缺少动机和积极性主动采取环境治理
行为和环境友好的产品与服务，所以环境规制的介入必不可少。
但是随着企业环境责任理念的逐渐深入，以及公众对于企业环境
产品和环境责任的要求，环境规制已经逐渐成为企业竞争力的一
个重要组成部分，很多企业会主动采取环境防治措施以及将环境
责任纳入企业战略管理中来。战略管理学家波特曾提出著名的
"波特假设"，认为在激烈的市场竞争中，企业产品的环境属性以
及履行环境责任的情况可能成为企业竞争优势的影响因素，在污
染治理中处于领先地位的企业有可能获得"先动优势"或"创新
补偿"。③ 例如，在某一行业中，可能那些自觉加强环境规制的处
于领先地位的企业更有可能获得良好的组织声誉和消费者的青
睐；而且恰当设计的环境标准可以激发企业的创新性，有利于弥
补遵守环境规制的成本。从自愿型环境规制的具体手段来看，主

---

① 潘翻番、徐建华、薛澜：《自愿型环境规制：研究进展及未来展望》，《中国人口·资源与环境》2020 年第 1 期。

② "自愿型环境规制"的参与主体实际上涵盖了本书重要的研究主体环保 NGO，进一步说明环保 NGO 面向企业环境责任监督的可行性和重要性。当然，随着治理理论的兴起以及在环境领域中的运用，后期在环境治理理论经历了从环境规制向治理转变，形成了环境协同治理理论、环境多中心治理理论、环境整体性治理理论等理论分支，超越了以国家为制度核心的单一取向，开始强调环境治理中政府、市场、社会和公众的合作共治。这些理论对于本书研究议题同样奠定了必要的理论支撑。但是限于篇幅，本书之后并不会再逐一做详细介绍。因为环境规制理论中"自愿型环境规制"的内容已经为环保 NGO 参与企业环境责任的监督提供了必要理论支撑。

③ Michael E. Porter, "America's Green Strategy", *Scientific American*, Vol. 264, No. 4, 1991；王爱兰：《论政府环境规制与企业竞争力的提升——基于"波特假设"理论验证的影响因素分析》，《天津大学学报》（社会科学版）2008 年第 5 期。

要包括 ISO14001 环境管理体系标准[①]、清洁生产、环境标志等。[②]
相较于前两种环境规制类型而言，自愿型环境规制实际上以更低
的监管成本促使被规制者遵循法律法规的要求，赋予被规制者更
多灵活的空间来履行环境责任。而且自愿型环境规制也是激励企
业在强制性标准基础之上的超水平合规，使得企业能够主动加
码、自觉地提升自身的环境绩效。但是自愿型规制对于经济发展
的水平、行业环境、企业能力都有一定的要求，如果当市场中企
业不合规行为较为普遍时，那么自愿型环境规制反而会带来企业
在环境治理投入成本的增加。因此，自愿型环境规制是之前两种
环境规制方式的重要补充。

　　总体而言，近些年世界各国对于企业社会责任的认识不断加
深，为了解决由企业导致的社会问题，越来越多的政府开始主动
参与到企业社会责任项目的开发中来，并将其作为弥补政府规制
缺陷、处理复杂公共政策挑战的重要方式。[③] 政府在推动企业环
境责任建设中的角色也相应出现了新的变化与定位。世界银行认
为政府部门在企业环境责任建设中可以转变传统"自上而下"的
管理模式，甚至可以直接与企业开展项目合作，形成两者间双向

---

　　①　需要特别强调的是，ISO14001 环境管理认证体系是一个典型的由社会组织发起的自愿
型环境规制项目。其专门针对企业内部的环境管理制定了一套准则和标准体系，用于企业环境
管理的自我审查和行业的自我监督。例如国际上的著名的化工行业"责任关怀"体系、"企业
可持续发展宪章"，这些都是由特定行业企业自发成立的行业协会或者产业组织所发起的项
目，其对于行业内企业的环境责任履行形成了巨大的规范性压力，产生了深远的影响。这一类
现象与本书的研究紧密相关，具有启发性意义。实际上，行业协会也是社会组织的一种形式，
尽管本书致力于关注民间环保社会组织这一类主体，但是一些国际上的经验现象至少佐证本研
究议题的重要现实意义。

　　②　马小明、赵月炜：《环境管制政策的局限性与变革——自愿性环境政策的兴起》，《中
国人口·资源与环境》2005 年第 6 期。

　　③　黎友焕：《企业社会责任》，华南理工大学出版社 2010 年版，第 69—95 页；Albareda,
Laura, et al. , "The Government's Role in Promoting Corporate Responsibility: a Comparative Analysis
of Italy and UK from the Relational State Perspective", *Corporate Governance*: *The International Journal
of Business in Society*, No. 4 , 2006。

作用的关系。[①] Lozano 认为政府在企业社会责任建设中已经呈现出综合性的角色作用，在提升企业环境责任意识、创建支持性环境、推进多方协作和展开强制性约束等方面发挥重要作用。[②] 例如，在许多发达国家，企业社会责任建设已经被纳入政府与企业共同合作愿景而构建，协同多方力量共同制定可持续性发展的政策目标。目的是为了促进企业的自我行为约束或自愿性服从，提升企业在社会责任方面的"超合规水平"，帮助解决政府在诸如环境、劳工、就业等方面的现实挑战。[③] 而在发展中国家，虽然仍然侧重于企业环境责任的强制性规制，但是在一定程度上，政府与企业、行业组织的合作互动不断增强，并且为了提升企业的市场竞争力和推动企业负责任的商业行为，发展中国家的政府正在进行积极的政策引导和有效的跨部门合作，广泛倡议企业环境责任的发展。

二 社会参与的路径

社会参与的路径主要是指以环保组织为主体的社会力量参与到企业环境责任建设过程中来。当然，公众同样是影响企业环境责任建设中不可或缺的力量，但是相对于分散化的个体参与而言，环保组织往往具有更强的组织性、凝聚性和专业性，能够降低个体行动的交易成本，不仅可以提升个体面向污染型企业施压

---

① Tom Fox, Halina Ward and Bruce Howard, *Public Sector Roles in Strengthening Corporate Social Responsibility*: *A Baseline Study*, Washington: World Bank, 2002；郝唯真、张华：《超越规则的治理：比较视角下的企业社会责任和政府角色》，《公共行政评论》2012 年第 2 期。

② Josep M. Lozano, Laura Albareda, et al, *Governments and Corporate Social Responsibility*: *Public Policies beyond Regulation and Voluntary Compliance*, New York: Palgrave Macmillan, 2008.

③ Potoski, Matthew, and Aseem Prakash, "The Regulation Dilemma: Cooperation and Conflict in Environmental Governance", *Public Administration Review*, Vol. 64, No. 2, 2004; European Commission, Communication: A Renewed EU Strategy 200 – 214 for Corporate Social Responsibility COM, 681 – final. Brussels, Oct. 25, Available on line: https://eur-lex.europa.eu/LexUriServ/LexUriServ.do? uri = COM: 2011: 0681: FIN: en: PDF.

的行动力，而且其专业化的组织优势，能够对于企业的污染行为
展开精准定位和有效监督；[①] 一些经验证据也表明，环保组织可
以帮助企业加强外部价值的创造，增加对于企业负面环境影响的
识别和监控。[②] 与此同时，既有的政府失灵和市场失灵论也为环
保组织影响企业环境责任建设提供了必要的理论支撑。

　　环保组织参与企业环境责任建设的行动最早始于 20 世纪 60
年代以来环境社会运动的影响。20 世纪 60 年代环境运动作为社
会大众运动兴起，为了提高社会对于环境问题的关注以及推动国
家环境政策的变革，许多环保组织开始进行抗争运动来试图影响
政府的立法和环境管制行为，而企业成为社会组织在环境运动中
影响的间接行动对象。有学者专门统计了美国在 1968—1975 年间
发生的 4654 个社会运动事件，发现国家确实是社会运动的主要目
标，占到所有事件的 52.5%，但是也有相当数量的社会运动是针
对其他非国家机构，其中商业机构占到了事件的 8.3%。[③] 由此可
见，企业是社会组织在社会运动中不可忽视的对象，一些研究也
对环保组织推动企业环境责任建设的功能作用与行动策略进行了
初步分析。在国际上，由于每个社会组织都有自己的利益和特
点，所以其影响企业社会/环境责任的行动方式和策略也不尽相
同。Winston 认为在非政府组织的世界中，与企业打交道的策略存
在基本分歧：主张参与的社会组织试图通过道德和审慎的论据劝
说企业采取对话，以推动企业采纳自愿行为守则；而反对者则认
为只要当企业的行为威胁到它们的利益时，它们就会采取更敌对

　　① 贾生华、郑海东：《企业社会责任：从单一视角到协同视角》，《浙江大学学报》（人文社会科学版）2007 年第 2 期。

　　② Lee, Maggie Ka Ka, "Effective Green Alliances: An Analysis of How Environmental Nongovernmental Organizations Affect Corporate Sustainability Programs", *Corporate Social Responsibility and Environmental Management*, Vol. 26, No. 1, 2019.

　　③ Van Dyke Nella, Sarah A. Soule and Verta A. Taylor, "The Targets of Social Movements: Beyond a Focus on the State", in D. J. Myers and D. M. Cress Amsterdam, *Authority in Contention*, Oxford: Elsevier JAI, 2004, p. 36.

的立场。因此，对抗性的社会组织倾向于将道德上的"污名化"作为其主要策略，而主张参与的社会组织则愿意与遵循自愿守则的企业进行对话和有限形式的合作。[①] 王芳基于西方环境运动和主要环保团体的行动策略分析，发现了同样的分歧性特征，认为西方一些主流的或者制度化的环保组织主要通过劝说、院外游说、公共舆论、诉讼、教育、政策参与等方式来影响企业的污染行为，呈现出专业化、官僚化的特征；但是仍有一些激进分子团体始终保持非正式化的运动特征，如联合抵制、大规模示威游行、恐吓威胁、暴力攻击甚至扣押人质等直接行动方式来影响政府和企业。[②] 杨家宁则从非政府组织在推动跨国公司践行社会责任的策略研究中，按照从对抗到参与的顺序，将其概括为诉诸法律、联合抵制、道义指责、股东行动、社会认证和沟通对话。[③]

然而，有学者认为自 20 世纪 90 年代之后，西方环境保护运动开始制度化和低动员化，逐渐变成一个"公共利益游说团体"或一系列"抗议性商团"，并正在失去作为社会运动的根本特征，即组织的非正式性、支持者的直接参与和对现存秩序与权力的制度化分配的冲突性抗争。[④] 如今环保组织推动企业环境责任建设的行动也呈现出新的趋势，在"全球性思考、地方性行动"的理念下，环保组织与企业的对抗关系正在结束，双方的融合性不断提升，这种融合不再局限于特定的联合项目，而是在思想和政策层面形成诸多共识。例如"绿色联盟"成为环保组织与企业之间

---

① Winston, Morton, "NGO Strategies for Promoting Corporate Social Responsibility", *Ethics & International Affairs*, Vol. 16, No. 1, 2002.

② 王芳：《西方环境运动及主要环保团体的行动策略研究》，《华东理工大学学报》（社会科学版）2003 年第 2 期。

③ 杨家宁：《企业社会责任推动力量研究述评》，《广东行政学院学报》2007 年第 6 期。

④ ［英］克里斯托弗·卢茨：《西方环境运动：地方、国家和全球向度》，徐凯译，山东大学出版社 2005 年版，第 1—11 页。

的一种新型伙伴关系，实现了双方之间更高水平的可持续性联盟。[①] 一方面，"绿色联盟" 被视为企业环境责任与市场目标相结合的有效策略，不仅帮助企业较好地制定了可降低成本、差异化优势的生态保护计划，而且实现了与企业商业利益相关的新的价值创造模式；[②] 另一方面，环保组织也获得了来自企业的资金、资源以及管理技能，使得双方在一些必要的不足资源方面达成必要的互赖和互补关系。[③] 在应对气候变化的努力方面，环保组织和企业已经开始用相似的术语描述问题，阐明相同的目标并提出共同的解决方案，这为应对气候变化的努力提供了新的优势。[④] Espinosa 等基于对墨西哥小规模的多尺度治理研究发现，环保组织在渔业管理中从倡导环境保护进一步迈向了参与可持续性管理，在此过程中得到更广泛的认同与接受，并与其他渔业利益相关者建立了信任关系。[⑤] 甚至于，一些环保组织或者企业自发成立的民间组织，制定并实施企业社会责任的，例如国际上的SA8000 企业社会责任认证标准，就是由社会责任国际组织所提供的评价与认证体系，为企业社会/环境行为提供了规范与参考。[⑥]

不过，里昂在其最新著作《好警察、坏警察：环保非政府组织及其商业策略》一书中，认为环保非政府组织与企业的关系及其行动策略是极为复杂的，非政府组织对于一项特定任务的行动

---

① Arts, Bas, "Green Alliances of Business and NGOs New Styles of Self-Regulation or Dead-End Roads"?, *Corporate Social Responsibility and Environmental Management*, Vol. 9, No. 1, 2002.

② Hartman, C. l., "Green Alliances: Building New Business with Environmental Groups", *Long Range Planning*, Vol. 30, No. 2, 1997.

③ 张毅、张勇杰：《社会组织与企业协作的动力机制》，《中国行政管理》2015 年第 10 期。

④ Anshelm, Jonas, and Hansson, Anders, "Climate Change and the Convergence between EN-GOs and Buisness: on the Loss of Utopian Energies", *Environmental Values*, Vol. 20, No. 1, 2011.

⑤ Espinosa-Romero, Maria J., et al., "The Changing Role of NGOs in Mexican Small-Scale Fisheries: From Environmental Conservation to Multi-Scale Governance", *Marine Policy*, Vol. 50, No. 3, 2014.

⑥ 邓泽宏：《国外非政府组织与企业社会责任监管——以美国、欧盟的 NGO 为考察对象》，《求索》2011 年第 11 期。

决策可能是基于组织资源基础、竞争对手、组织成员、领导能力、组织使命等某些因素——也就是说，它的外部环境和内部结构的某种结合。不论环保非政府组织在影响企业环境责任建设方面是趋于调和抑或对抗，都倾向于"摘容易得到的果实"，并将他们的努力集中于那些以往表现出参与意愿的企业，而不是没有参与意愿的企业。[①] 例如在目标选择方面，Hendry 发现环境问题特征、社企之间的网络特征以及企业特征是影响环保组织锚定企业的重要因素，这些不同影响因素的组合使得社会组织与企业之间的行动关系呈现出复杂的多样性。[②] 而在使用策略手段时，环保组织的影响策略也并非自始至终呈现出一种模式，行动目标的选择以及对于企业环境绩效的评估是环保组织行动策略考量的关键因素。[③] 从这一点而言，可以说 Hendry 对于本议题的研究是具有开创性的，并且与笔者的观点具有一致性，但是我们对于环保组织行动策略的关注还需要进一步转向动态过程的分析。

相对于国外的相关研究而言，国内关于此议题的文献则更加不足，相关研究似乎只是起步阶段。如：杨家宁基于中国四个本土的劳工组织作为研究案例，从资源动员的角度分析了社会组织如何推动企业社会责任，并且认为活动精英的领导、适当的策略、组织的社会资源构成了社会组织推动企业社会责任必要的微观动员机制。[④] 尽管该文献以劳工组织作为研究对象，但是却与

① Thomas P. Lyon, *Good Cop / Bad Cop: Environmental NGOs and Their Strategies Toward Business*, Washington, DC: Resources for the Future Press, 2009; Eckerd, Adam, "Book Review: T. Lyon Good Cop Bad Cop: Environmental NGOs and Their Strategies Toward Business", *Nonprofit and Voluntary Sector Quarterly*, Vol. 40, No. 3, 2011.

② Hendry, Jamie R., "Taking Aim at Business: What Factors Lead Environmental Non-Governmental Organizations to Target Particular Firms?", *Business & Society*, Vol. 45, No. 1, 2006.

③ Hendry, Jamie R., "Environmental NGO's and Business: A Grounded Theory of Assessment, Targeting, and Influencing", *Business and Society*, Vol. 42, No. 2, 2003.

④ 杨家宁、陈健民：《非政府组织在中国推动企业社会责任的模式探讨》，《中国非营利评论》2010 年第 2 期。

本书的主题具有一定契合性，应当是一次本土化的探索性研究。俞会新等通过收集中国2005—2006年275个城市的政府和环境非政府组织的数据，在建立计量模型分析之后发现，环境非政府组织在参与企业污染减排中起到了重要补充效应，不仅分担了政府职能，而且环保组织与政府合作的方式对于环境质量的改善效果要好于政府单一规制的效果。[①] 不过，谢帆和王积龙基于个案的研究却发现，现阶段中国环保非政府组织在监督企业环境信息公开方面，仍存在一些困境，来自多个利益方的阻力阻碍了环境信息公开的完整性和及时性，环保组织推动企业环境责任建设的行为仍然任重道远。[②]

三 企业管理的路径

随着企业社会责任和可持续发展理念的不断深入，把环境责任作为企业社会责任的一项重要内容也逐渐为各界所认同。这使得企业在谋求自身及股东利益最大化的同时，不得不履行环境保护的社会义务，主动增加对于环保所承担的责任。目前，从企业自主管理的路径研究企业环境责任问题，主要从利益相关者的视角和企业战略管理的视角展开。

从利益相关者的视角出发，企业环境责任建设旨在探讨如何进行绿色利益相关者的识别以及如何主动进行利益相关者管理。不过，虽然从理论规范上而言，企业的生存和发展需要不同利益相关者的支持，但不同利益相关者对于企业在利益关联、资源依赖、影响压力等方面是存在千差万别的。即使我们可以在伦理规范上提出与企业相关的所有有资格的利益相关者，但是当所有不

---

① 俞会新、王怡博、孙鑫涛、李中圆：《政府规制与环境非政府组织对污染减排的影响研究》，《软科学》2019年第6期。
② 谢帆、王积龙：《我国环保非政府组织监督企业环境信息公开的困境——对IPE的个案研究》，《新闻界》2016年第14期。

同的利益相关者被置于同等重要的位置时，不仅导致企业无法清晰地进行利益相关者的管理，而且具有不同目标和要求的利益相关者交织在一起反而可能引起不必要的冲突和矛盾。故而，一些研究主张企业应按照不同的标准对利益相关者进行分类，针对不同的利益相关者实行差别化的管理策略。在早期关于利益相关者和企业社会责任的文献中，已经有一大批学者提出了关于如何识别利益相关者的方法。例如，根据利益相关者的重要性程度，将其划分为主要的和次要的利益相关者[①]；根据与企业是否存在交易性合同，将其分为契约型的和公众型的利益相关者[②]；根据利益相关者所承担的企业经营活动的风险，分为自愿的和非自愿的利益相关者[③]；根据利益相关者的社会性和紧密性，划分为首要的社会性利益相关者、次要的社会性利益相关者、首要的非社会利益相关者和次要的非社会性利益相关者[④]，等等。为此，笔者专门对该领域中的经典文献进行梳理，并对研究中经常涉及的绿色利益相关者进行摘录（如表 2 - 2 所示）。[⑤] 我们可以从表中所

[①]　Frederick, W. C. , *Business and Society*, *Corporate Stragety Public Policy*, McGraw-Hill Book CO, 1988.

[②]　Charkham, Jonathan P. , "Corporate governance: Lessons from abroad", *European Business Journal*, Vol. 4, No. 2, 1992.

[③]　Clarkson M. , "A Stakeholder Framework for Analyzing and Evaluating Corporate Social Performance", *The Academy of Management Review*, Vol. 20, No. 1, 1995.

[④]　Wheeler D. & Maria S. , *Including the Stakeholders: the Business Case*, Long Range Planning, 1998, pp. 201 – 210.

[⑤]　相关文献包括：Fineman, Stephen, and Ken Clarke, "Green Stakeholder: Industry Interpretations and response", *Journal of Management Studies*, Vol. 33, No. 6, 1996; Henriques, Irene, and Perry Sadorsky, "The Relationship between environmental commitment and managerial perceptions of stakeholders importance", *Academy of Management Journal*, Vol. 42, No. 1, 1999; Buysse, Kristel, and Alain Verbeke, "Proactive Environmental Strategies: A Stakeholder Management Perspective", *Strategic Management Journal*, Vol. 24, No. 5, 2003; Murillo-Luna, Josefina L. , Concepción Garcés-Ayerbe, and Pilar Rivera-Torres, "Why Do Patterns of Environmental Response Differ? A Stakeholders' Pressure Approach", *Strategic Management Journal*, Vol. 29, No. 11, 2008; Darnall, Nicole, Irene Henriques, and Perry Sadorsky, "Adopting Proactive Environmental Strategy: The Influence of Stakeholders and Firm Size", *Journal of Management Studies*, Vol. 47, No. 6, 2010。

表2-2　经典文献中企业环境责任所涉及的利益相关者

Fineman and Clarke (1996)	Henriques and Sadorsky (1999)	Buysse and Verbeke (2003)	Murillo-Luna et al. (2008)	Darnall et al. (2010)
管制型利益相关者 中央或省地方政府	管制型利益相关者 政府、行业协会、非正式网络、环境问题上的模范企业	管制型利益相关者 中央或区域政府、地方政府机构	管制型利益相关者 环境法规、行政控制	供应链利益相关者 商业买家、家庭消费者、供应商
内部利益相关者 首席执行官、环境经理、公共关系经理、生产、销售和法务人员	组织型利益相关者 顾客、供应商、雇员、股东	外部主要利益相关者 国内外客户、国内外供应商	企业政府利益相关者 经理、股东	内部利益相关者 管理层雇员、员工
间接利益相关者 股东、客户、供应商、媒体（广播、电视、报纸和热门杂志）	社区利益相关者 社区组织、环保组织、其他潜在的游说团体	内部主要利益相关者 员工、股东、金融机构	内部经济利益相关者 员工、工会	社会性利益相关者 环保和社区组织、工会、工业协会
关爱地球使命的利益相关者 国家或者地方层面的环保压力集团、社会中的个人明星	媒体	次级利益相关者 国内外竞争对手、国际协议、非政府组织、媒体	外部经济利益相关者 客户、供应商、金融机构、保险公司、竞争者	环境管制者（政府）
			外部社会利益相关者 媒体、公民和社区、环保组织	外部社会利益相关者 公民和社区、环保组织

列的利益相关者看出，这些群体与以往企业社会责任中提及的主体区别不大，通常包括股东、政府、员工、供应商、消费者、地方社区、媒体、金融机构等主体。这些利益相关者更加关注于企业经营活动的环境影响，并通过各自的方式来督促企业将环境问题纳入决策过程，提升企业环境治理的水平。值得注意的是，部分文献也强调了对于环保组织的重视，但是不难看出，通过文献历史性的梳理和横向对比，当前环保组织仍处于企业次级利益相关者的位置，尚未引起足够的关注。

而基于利益相关者角色位置的不同，企业在推进社会责任建设中采取了不同的应对策略。早在1984年弗里曼《战略性管理：一种利益相关者分析方法》一书中，就强调应当把利益相关者与企业行为、企业目标联系起来进行研究。企业主动地采取相应的管理策略，不仅能够帮助企业与利益相关者发展持续而富有成效的关系，灵活应对外部的压力和危机；而且融入社会属性的企业战略管理能够有效提升企业的声誉建设、产品竞争力和市场绩效。例如，弗里曼立足于企业组织的视角，在对企业利益相关者竞争威胁和合作潜力特性判断的基础上，形成了四种利益相关者的管理方法，包括进攻策略、防护性策略、摇摆策略和保持策略。[1] Clarkson 认为针对不同利益相关者的情况和特点可以采用预见型策略、防御型策略、适应型策略和对抗性策略。[2] Rowley 从社会网络的视角出发，依据企业的网络中心性和利益相关者的网络密度两个维度，又提出了四种企业的应对策略：妥协策略、顺从策略、支配策略、独立策略。[3] 这些经典研究对于企业环境责

---

[1]　Freeman R. E. , *Strategic Management*：*A Stakeholder Approach*，Boston：Pitman Publishing Inc，1984, pp. 143 – 153.

[2]　Max B. E. Clarkson，"A Stakeholder Framework for Analyzing and Evaluating Corporate Social Performance"，*The Academy of Management Review*，Vol. 20, No. 1, 1995.

[3]　Rowley, Timothy J. , "Moving beyond Dyadic Ties：A Network Theory of Stakeholder Influences"，*The Academy of Management Review*，Vol. 22, No. 4, 1997.

任中利益相关者的管理具有重要启示和参考意义。当然，除了基于企业自身的环境战略考量之外，利益相关者同样能够对企业的环境治理行为施加压力。

诸如政府、企业管理者、员工、供应商、消费者、社会组织等主体都是影响企业绿色实践中常见的个人或群体，它们在组织决策过程中发挥着重要作用，并广泛涉及企业环境治理的各个方面。相关研究也表明，利益相关者的压力对企业环境战略产生积极影响，有助于促进企业的可持续发展。例如，作为管理型利益相关者的政府，传统的法律法规对企业的环境污染规制具有压倒性的效果；[①] 而政策性的激励举措，如财政奖励、税收优惠和技术支持同样能够有效地激励企业的绿色管理实践。[②] 还有作为供应链上的一些密切利益相关者，顾客、供应商、金融机构同样成为企业所重点关注的对象。这些利益相关者可以采用不同的策略来施加负面影响，如消费者群体可以通过抵制环境效益不佳的企业产品来表达自己的权利；供应商可以停止提供原料的供给来保护自己的企业声誉；金融机构也可能会通过撤资来降低企业环境损害所带来的风险溢价。值得注意的是，近些年一些社会性的利益相关者逐渐成长，如环保组织、媒体也成为企业面临各种外部压力的重要来源。虽然企业与它们之间没有直接的合同或法律义务，但是这些社会性利益相关者的行动会严重损害到企业的声誉和竞争力。Daniela 等通过比较分析，考察了环保组织在家族企业和非家族企业绿色投资中的作用，发现环保组织对于家族企业的

---

① Walker, Kent, Na Ni, and Weidong Huo, "Is the Red Dragon Green? An Examination of the Antecedents and Consequences of Environmental Proactivity in China", *Journal of Business Ethics*, Vol. 125, No. 1, 2014; Youngping Sun, "China's Target Responsibility System and Convergence of CO_2 Emissions", *The Singapore Economic Review*, Vol. 63, No. 2, 2018.

② Shu, Chengli, Kevin Zhou, Z. Xiao, and Yazhen Gao, "How Green Management Influences Product Innovation in China: The Role of Institutional Benefits", *Journal of Business Ethics*, Vol. 133, No. 3, 2016.

绿色投资具有重要影响。通常家族企业易受到资源限制、风险规避和地方社区的影响，环保组织的行动对于家族企业的绿色投资尤其显著，甚至在某些情形下，环保组织可以替代强制性的压力来促进企业的自我监管行为。[①] 杨德锋等在对中国上市公司 CEO调查的基础之上，发现企业管理者对于媒体所指出的一些环境问题时刻保持高度的关注度，这是由于媒体具有传播信息咨询、引导社会舆论的重要作用，可以对于企业失责行为进行披露和曝光，引起政府和社会的关注，从而快速介入相关问题的治理之中，因此企业管理者对于媒体的压力认知极为敏感。[②]

当然，除了探讨企业的利益相关者管理策略外，随着战略管理理念在企业社会责任研究中的兴起，在过去的十几年中，企业管理已有相当一批文献聚焦于外部压力与企业环境战略回应、环境战略与企业竞争力之间的内在关联。特别是随着企业面对绿色环保压力的不断增大，企业对于环境管理的做法从以往被动型回应逐渐向前瞻型战略转变。[③] 传统的企业环境管理实践主要受制于广泛的环境法规和利益相关者压力，如"大棒式"的处罚、罚款和税金使得企业环境污染的成本内部化，从而促进企业的环境努力。但是这种"外部压力驱动—企业响应"的环境管理模式往往都集中在末端处理环节，很难深入整个产品生产的生命周期，导致企业环境治理实质性落地效果不佳。而伴随着企业对于环境战略的主动性规划以及自愿性压力的出现，组织开始将环境管理扩展到产品开发和管理全过程，主动采用 ISO14001 等可认证的环

① Maggioni, Daniela, and Grazia D. Santangelo, "Local Environmental Non-Profit Organizations and the Green Investment Strategies of Family Firms", *Ecological Economics*, Vol. 138, 2017.

② 杨德锋、杨建华、楼润平、姚卿：《利益相关者、管理认知对企业环境保护战略选择的影响——基于我国上市公司的实证研究》，《管理评论》2012 年第 3 期。

③ Zhu, Qinghua, Yong Geng, and Joseph Sarkis, "Shifting Chinese Organizational Responses to Evolving Greening Pressures", *Ecological Economics*, Vol. 121, 2016；潘楚林、田虹：《利益相关者压力、企业环境伦理与前瞻型环境战略》，《管理科学》2016 年第 3 期。

境管理系统来提升企业在外部利益相关者眼中的合法性以及组织对环境的可靠性承诺;[①] 以及试图通过利益相关者的整合纳入企业积极的环境战略规划中, 以改善其环境绩效和竞争能力。[②] 如刘洋等人以全球汽车行业为例, 分析了供应链管理能力和企业绿色运营战略的关系, 发现企业足够的供应链管理技能和知识水平可以帮助自身找到合格的绿色供应商, 从而可以带来更多的环境效益和强化企业绿色运营战略的应用。[③] Papadas 等发现企业的绿色营销能够对企业竞争优势和财务绩效产生积极的双重影响, 因此从实践上而言, 企业要着力改变传统销售和利润最大化的营销取向, 应将绿色营销整合进企业环境战略的决策当中, 从而增强可持续性的竞争优势。[④]

第三节　小结与述评

以上两节内容主要回顾和综述了与本书议题的相关内容。从当前环保组织参与环境治理行动的趋向而言, 文献主要从"国家主导视角"和"合作共治视角"两个方面切入, "国家主导视角"深刻地把握中国"行政主导社会"这一大的前提, 探讨了中国环保社会组织参与环境治理的行动以及如何展开具体策略的执行;

---

① Comas Martí, Joana M., and Ralf W. Seifert, "Assessing the Comprehensiveness of Supply Chain Environmental Strategies", *Business Strategy and the Environment*, Vol. 22, No. 5, 2013; Boiral, Olivier, "Corporate Greening Through ISO14001: A Rational Myth?", *Organization Science*, Vol. 18, No. 1, 2007.

② Hart, Stuart L., "A Natural-Resource-Based View of the Firm", *The Academy of Management Review*, Vol. 20, No. 4, 1995.

③ Liu, Yang, Qinghua Zhu, and Stefan Seuring, "Linking Capabilities to Green Operations Strategies: The Moderating Role of Corporate Environmental Proactivity", *International Journal of Production Economics*, Vol. 187, 2017.

④ Papadas, Karolos-Konstantinos, George J Avlonitis, et al., "The Interplay of Strategic and Internal Green Marketing Orientation on Competitive Advantage", *Journal of Business Research*, Vol. 104, 2019.

"合作共治视角"则以国家与社会的权力融合、双向赋能为前提，分析了政府与社会组织的各自优势利弊，从而探讨如何实现环境治理的合作共治。

虽然针对中国社会组织的研究在理论和实证研究方面已经形成了一大批成果，但是在环保组织与企业环境责任建设的议题上仍然存在一些研究的薄弱点。具体而言：一方面，已有中国社会组织参与环境治理行动的研究主要是在"国家—社会"二分的框架之下进行探讨，对于"社会—市场"结构和力量的分析关注不足。虽然从广义的"国家—社会"框架而言，市场力量通常被包含在了社会的分析范畴之内，例如，在公民社会概念的界定中，有一些观点试图把市场因素融入其中。甚至于在一些经济学观点之中，已经反复强调了市场对于社会结构的嵌入性特征。但是，在"国家—社会"具体的文献中，却将社会组织和市场融入"大社会"的范畴中统一而论，而这无疑模糊了"国家与社会组织""社会组织与市场""国家与市场"的边界和区别。尤其是，市场作为一个愈发独立和自成体系的组织，它已经与社会组织的特征呈现出明显的差异化，这使得我们的研究需要进一步细化，形成"国家—市场—社会"的三元结构来推进研究。欣慰的是，在比较政治经济学中，已经有一大批文献聚焦于"国家—市场"的分析，但是当前的文献中却在一定程度上忽视了"社会—市场"的互动关系。另一方面，已有研究对于中国社会组织参与环境治理行动的研究主要以国家中心主义为分析视角，但是对于社会组织自主性的研究仍有待深化。尽管有相当一部分研究已经从社会组织自主性切入，关注社会组织活动的自主性和独立性以及在社会治理中的功能作用，但是仍然依循国家中心主义的视角来解释一定制度环境下中国社会组织的行动特征。然而，如果当市场力量也逐渐融入国家—社会的复杂互动之中时，社会组织又如何同时在两种力量下游刃有余地发挥自身功能性作用并实现组织的持续发展，这是社会组织自主性研究的一个重要突破点。

此外，就推动企业环境责任建设的研究文献而言，现有研究主要回顾了三种经典的作用路径，即政府规制的路径、社会参与的路径和企业管理的路径。而这三种作用路径中，政府规制和企业自主管理已经涉及很多企业环境责任建设的内容，此类文献可谓汗牛充栋。但是社会参与的路径却在现有文献中十分薄弱，并且分散在不同学科视角中。第一，已有研究已经系统梳理了企业环境责任管理过程中可能涉及的利益相关者，但是文献对于企业社会性利益相关者中的环保组织关注不足。就企业治理中所关心的利益相关者而言，企业会根据利益相关者的特点来进行优先级判断，其通常更倾向于关注与企业有直接利益关系或者联系紧密的利益相关者，这从实践上而言是无可厚非的，但是从理论文献研究上而言却是缺少对一些"弱"利益相关者的深入分析。尤其是作为与企业没有直接业务合同关系的环保组织，虽然它们不是企业的强利益相关者，但是它们在环境治理中的角色作用使其成为企业弱利益相关者并发挥着"强"的影响力，并逐渐引起企业的重视，这些实践中的现象亟须在理论研究上进行总结和概括。第二，已有研究通常基于企业的视角来分析其与环保组织的关系，但是缺少从环保组织视角研究其对于企业环境责任建设的影响。无论是基于利益相关者的视角，还是基于企业环境战略的视角，已有文献基本处于企业治理或者企业社会责任主导的话语体系之下，虽然看似同样为"社会—企业"关系研究，但是不同主体的切入点会具有不同的行动初衷和顾虑。如果只是将视角投向于企业一方，则会忽略社会组织参与社会治理能动性的观察。环保组织作为企业的"弱"利益相关者，其对于企业环境行为的影响和制约方式定会与其他类型的利益相关者有所不同。因此，如何站在环保组织的视角上来看待其推动企业环境责任和治理行为，定会捕捉到与其他利益相关者不同的差异性。第三，已有研究虽有涉及环保组织推动企业环境责任建设的行动策略，但基本上以西方国家行动策略作为参照系，缺少对于本土化行动策略的总结和概括。如在 Hendry 的开创性文献中，对于环保组织推动企业环境责任建设的行动策略进行了总结，并深入研究了环保组织如何进行目标企业的选择以及具体策略的运用。然而，中国情境下社会组织推动企业环境责任建设的行动策略究竟有哪些，目前国内的研究者并没有进行系统概括。第四，已有研究对于环保组织推动企业环境责任建设的行动过程缺乏深入的动态分析。一方面，现实中环保组织推动企业环境责任建设的行动策略并非只是呈现为某一种模式，同一社会组织可能会采取不同的行动策略，这需要回答什么关键因素影响了社会组织的策略选择，以及社会组织在何种情形之下进行合理的策略选择。另一方面，从既有文献来看，通常定量研究中将环保组织作为企业利益相关者当中整体的变量来分析其对于企业环境行为的影响，这种分析的结果就是我们看到了可能中间存在的"相关性"或者"因果性"，但是具体的运作机制却不清晰；而一些相关的定性研究中，仍处于对环保组织参与企业环境责任建设必要性、功能作用和途径方式的探讨。遗憾的是，它们的分析结果更多地是呈现出最终的截面性的结果，并没有呈现出行动者如何动态性、策略性地选择这些行动方式，因而缺少对于行动过程中差异化的关注。

第 三 章

理论基础和分析框架

本章将正式进入核心议题的分析，试图通过综合理论演绎和经验启发的方式建构环保组织推动企业环境责任建设的行动策略类型以及策略选择的分析框架。首先，本章将叙述与本书密切相关的基础理论，主要涉及利益相关者理论、资源依赖理论和企业环境战略理论，并阐述了已有理论对于本书议题的分析意义。进而，在理论整合和经验启发的基础上，建构了环保组织进行策略选择的解释框架，重点关注环保组织在何种情形状态之下将采用何种策略方式推动企业的环境责任建设。

第一节　理论基础

一　利益相关者理论

在现代企业管理中，利益相关者已经成为企业社会责任建设需要考虑的重要因素，如何有效地进行利益相关者管理也成为影响企业生存和健康发展的关键问题。自 1924 年美国学者谢尔顿在其著作《管理的哲学》中提出"企业社会责任"的概念以来，学术界围绕"企业是否应当承担社会责任"以及"承担什么样的社会责任"展开了激烈的讨论。[①] 早期古典学派的主要代表学者弗

---

① Thompson K. , Sheldon ON, *The Philosophy of Management*, Sir IN Pitman, 1923.

里德曼认为，在自由经济中，企业有且仅有的一种社会责任就是在国家法律框架和伦理习惯下实现股东利润的最大化。① 然而，这一视角不同理论学派的学者也提出了不同的观点，他们认为企业的赢利和责任是可以相互兼容的，除了创造财富，还需要负有一定的社会义务，甚至可以将企业社会责任转化成为企业发展的机会，实现"进步的价值最大化"。② 正是在这一背景下，自 20 世纪 80 年代起，利益相关者理论在对古典主义学派所奉行的"股东至上论"的质疑和批判中逐步发展起来，并成为企业社会责任理论研究中的重要流派之一。

关于利益相关者的定义，美国斯坦福研究所曾提出过最早的定义，将其界定为："如果没有他们的支持，企业就无法生存的群体。"这一概念一经提出便引发许多学者关于企业的本质、企业的目的、企业的道德伦理和社会责任等问题的讨论，并逐渐被应用于企业战略管理和社会责任领域。如安索夫在其经典著作《公司战略》中阐述了识别关键利益相关者对于企业管理的重要性③；戴维斯则认为企业必须从更广义的范畴反思其行动义务，做到"商人社会责任与其社会权力的相适应"，而不能仅仅停留于经济、法律和技术层面的考虑，这样既可以在实现传统企业追求经济利益的同时，又实现社会效益。④ 卡罗尔认为 CSR 要实现社会在经济、法律、道德和自由决定等方面对组织所寄予的期

---

① Milton Friedman, "The Social Responsibility of Business is to Increase its Profits", *New York Times Magazine*, Vol. 13, No. 9, 1970.

② Drucker P., *The Practice of Management*, New York: Harper, 1954; Jensen M. C., *Value Maximization, Stakeholder Theory and the Corporate Objective Function*, Boston: Havard Business School Press, 2000, pp. 37 – 58.

③ Ansoff I., *Corporate Strategy*, New York: McGraw Hill, Inc, 1965.

④ Davis, Keith, "Can Business Afford to Ignore Social Responsibilities?", *California Management Review*, Vol. 2, No. 3, 1960; Davis, Keith, "The Case for and against Business Assumption of Social Responsibilities", *Academy of Management Journal*, Vol. 16, No. 2, 1973.

望，如果把利益相关方的期望融入整个组织并践行于其各种关系之中，将对企业可持续发展产生积极影响。[1] 而真正使利益相关者成为企业管理中普遍流行的概念，则是 1984 年弗里曼这本里程碑式的著作问世——《战略性管理：一种利益相关者分析方法》。在著作中，他认为利益相关者是指"那些能够影响一个组织目标实现或能被组织目标实现过程所影响的人或群体"。[2] 区别于最初斯坦福研究所的记录，弗里曼给出的定义实际上更加关注于利益相关者与企业的双向影响，并非只是突出利益相关者对于企业的单向影响。弗里曼在著作中强调了企业在进行利益相关者管理的过程中，需要遵循的两个重要原则：一是企业合法性原则，二是利益相关者信托原则。在他看来，一方面企业的发展离不开各种利益相关者的支持和参与，企业不仅要为股东的利益负责，同时还要对其他利益相关者负责，如顾客、供应商、债权人、员工、社区等，甚至这些利益相关者有必要参与到那些影响他们实质性福利的决策当中；另一方面，"企业作为各种利益相关者缔结的一组契约"[3]，企业的经营者与利益相关者以及作为抽象实体的企业之间存在着必不可少的信托责任，因此作为企业代理人的经营者除了其与股东之间的委托代理关系之外，还有众多其他利益相关者之间的委托代理关系[4]，这种关系意味着其不仅要实现企业

---

① Carroll, Archie B. , "A Three-Dimensional Conceptual Model of Corporate Performance", *The Academy of Management Review*, Vol. 4, No. 4, 1979.

② Freeman R. E. , *Strategic Management: A Stakeholder Approach*, Boston: Pitman Publishing Inc, 1984, p. 46.

③ Freeman R. E. , Evan W. M. , "Corporate Governance: A Stakeholder Interpretation", *Journal of Behavioral Economics*, Vol. 19, No. 4, 1990.

④ Hill, Cwl, and TM Jones, "Stakeholder-Agency Theory", *Journal Of Management Studies*, Vol. 29, No. 2, 1992.

的生存与发展，而且要维护每个利益群体的长期利益。① 弗里曼之后，利益相关者理论在管理学领域迅猛发展，并被应用于不同的文献和实践背景之中。

如今，利益相关者理论主要体现为三种研究路径：即描述性路径、工具性路径和规范性路径。描述性路径主要是用来描述企业实际上是如何做的，包括企业的特征、管理者思考管理问题的方式以及企业如何管理，更多地体现为"经验性"。正如克拉克森所言，利益相关者增强了企业社会责任建设过程中的实用性和可操作性，能够将一些所谓规范化、抽象性的社会责任要求转向于更具实践导向的管理应用，从而使得管理中的模糊性定义更加具有明确的目标对象、描述框架、评价体系和管理路径。② 工具性路径逐渐将利益相关者管理与企业财务绩效相连接，并将其作为企业产品差异化竞争和声誉建设的重要内容。旨在通过建立分析框架来检验当其他条件不变时利益相关者管理与企业绩效目标的内在关系。这种工具性路径的一个潜在假设，就是"如果你想获得（避免）X/Y/Z 的结果，那么就要采用（或不采用）A/B/C 的原则或方法"。因此，工具主义路径主张把利益相关者管理的资源投入作为企业获取市场利润和提高组织声誉的必要战略投资，这些行为将帮助企业与利益相关者发展持续的、富有建设性

---

① "企业合法性原则"和"利益相关者信托原则"的理论基础是源自利益相关者理论对于契约理论和产权理论的借鉴。利益相关者运用契约理论来解释企业的存在，认为现代企业作为一系列私有契约的联合体，反映的绝不是股东与企业的单独关系，而是涉及诸多契约内的利益相关者，这就要求企业对各利益相关者的权益予以适当保障，而这实际上也是对古典主义"股东至上"负责观点的批判；而通过吸收产权理论，利益相关者理论认为企业并非股东的私有产权，而是现实中由股东和其他利益相关者共同拥有。由于每一个利益相关者都为企业发展做出了贡献，为企业投入了专用性资产，因此他们都具有共同分享企业剩余索取权和控制权的权利，这实际上是对"股东至上论"中股东拥有企业所有权的批判，提出了企业所有权分享的观点。

② Max E. Clarkson, "Defining, Evaluating, and Managing Corporate Social Performance: The Stakeholder Management Model", in James E. Post (eds.), *Research in Corporate Social Performance and Policy*, Greenwich CT: JAI Press, 1991, p. 12.

意义的关系，使企业形成可持续的竞争优势。① 规范性路径主要是分析企业管理中的道德和伦理规范，其规范性辩护通常建立在诸如实用主义、社会契约、公平互惠、基本人权对人的尊重等西方哲学和道德传统基础上。这三种路径也并非截然分离，而是有内在的关联性。其中规范性路径构成利益相关者的认识论基础和核心，工具性路径则是在既定伦理指引下，来探讨利益相关者管理与企业绩效的关系，描述性路径则描述实际的经验性现象和解释实践。② 因此，在唐纳森和普雷斯顿看来，利益相关者概念的混乱正是实际中这三种路径交织在一起而不加区分所造成。而此项研究为以后利益相关者的应用提供了清晰的路径，在此分类基础上，当研究者再使用利益相关者理论时能够清楚地知道自己的研究定位和知识贡献。

二　资源依赖理论

长期以来，资源依赖理论一直是理解组织与环境关系的主要框架之一。作为开放系统理论观点的延伸，资源依赖理论着眼于从组织外部环境入手，深入把握组织与环境之间所存在的交换与互动关系，强调组织要清晰判断其在所处环境中的结构位置、外部优势、限制条件等因素，从而将这些因素与组织的战略决策相勾连起来，从而维持组织在吸引和保持资源方面的能力。这一理论的代表性学者主要是杰弗里·菲佛和杰勒尔德·R. 萨兰基克，他们在 20 世纪 80 年代末就对于该理论进行了开拓性的系统研究。作者通过将外部环境问题和组织问题联结起来，系统性地阐述了资源依赖理论的内核。

---

① McWilliams, Abagail, et al. , "Corporate Social Responsibility: Strategic Implications", *Journal of Management Studies*, Vol. 43, No. 1, 2006.

② Donaldson, Thomas, and Lee E. Preston, "The Stakeholder Theory of the Corporation: Concepts, Evidence, and Implications", *The Academy of Management Review*, Vol. 20, No. 1, 1995.

　　在菲佛和萨兰基克看来，组织生存的关键是获取和维持资源的能力，如果组织对其运行所需要的元素有完全的控制权，问题将会变得非常简单。[①] 而事实上，处于开放环境中的组织是绝对不可能完全地掌握自己身边的生存环境和各种影响因素的，组织与外部环境是一种相互制约、相互关联的关系。为此，为了使组织能够更好地生存与发展下去，组织必须尝试学会如何与外部环境展开互动，不断地进行交流，时时弥补组织发展的必要物质资源和关键讯息。因而，正是位于开放系统中的位置，组织与环境、组织与其他社会主体之间的交流互动，一旦外部环境掌握着组织的关键资源，那么外部环境限制组织行为便成为一种可能。换言之，当组织更多地依赖于外部需求时，就越容易受到外部的影响；或者反之，当外部社会主体的控制性越强时，那么对于组织的生存发展影响越大。而在决定一个组织对其他组织依赖程度时，通常有三个非常关键的因素[②]：第一，资源的重要性。主要表现在资源交换数量和关键程度。资源交换数量是一个相对概念，需要组织根据在具体事项中所获取外部其他主体的资源数量占最终产出的结果来进行判断；资源的关键程度情况可能比较复杂，不同的组织对于关键资源的衡量有所不同，但是即使某种资源在总投入中只占较小的一部分，也有可能对组织非常关键。第二，资源的分配和使用的决定权。决定权是权力的来源，特别是在资源越是稀缺的情况下，这种资源就越重要。第三，资源控制力的集中。即组织投入或者产出交易的范围是否由相对少数几个或者单个的组织来控制。可以说，以上三个因素共同决定了中心组织对任何特定的其他群体或者组织的依赖程度。然而，由于现

　　[①]　［美］杰弗里·菲佛、杰勒尔德·R. 萨兰基克：《组织的外部控制：对组织资源依赖的分析》，东方出版社 2006 年版，第 2 页。

　　[②]　［美］杰弗里·菲佛、杰勒尔德·R. 萨兰基克：《组织的外部控制：对组织资源依赖的分析》，东方出版社 2006 年版，第 50—60 页。

实中组织之间所存在的依赖关系通常是不对称性的，有的时候一方对于另一方的资源支持可能过多，那么此时过多支持的一方将可能具有更强的主导性，这就可能导致拥有较强影响力的一方更具有支配性与主宰力。这意味着组织的行为将不得不受到外部环境的制约和影响，加大了组织生存环境的不确定性，在这种情况下，如果组织要保持自身的自主权就必须组织规划自己的行动，来消除限制组织效力和生存的外部环境控制。

那么，在组织明显受到所处形势和环境制约的情况下，组织如何改变相互依赖，对控制的环境进行控制成为资源依赖理论的另一核心内容。菲佛和萨兰基克提出了三种减少组织所面临的不确定性的方法：第一，解决相互依赖关系最为彻底的资源对策就是将相互依赖吸纳在组织内，即合并或者收购。合并可以分为三种主要类型，包括纵向整合、横向合并和多元化并购。[①] 纵向整合实际上是对于组织业务环节存在密切相连的环节部分进行合并，其可以表现为供应链的上下环节之间，也可能是一些存在资源交换的重要环节；横向合并则是指对与组织同类型的业务环节进行吸收，从而扩大组织的业务规模，以此获取更多的影响力和支配权力；多元化并购则是指组织为了增强业务的多样性，可以对组织业务内容之外的一些企业经营范围进行并购，从而目标的重构使得组织能够承担新任务和采取新的行动，减弱对单一的、关键的交换的依赖。第二，当合并无法实现对依赖的控制时，建立组织间行动的集体构架成为协调相互依赖性的方法。组织可以运用多种合作方式，如规定协商规则、设置咨询委员会、建立联系委员会、确立组织的增选机制、设立专家顾问团队等，来对于

① ［美］W. 理查德·斯科特、杰拉尔德·F. 戴维斯：《组织理论：理性、自然与开发系统的视角》，高俊山译，中国人民大学出版社 2011 年版，第 270 页。

组织所遇到的依赖关系进行协调处理。① 当然，相比于合并方式，通过交流和协商一致建立的集体行动关系缺乏对组织完全的控制力，但是其优势在于更加灵活，相较于之前所提及的合并等方式，集体行动框架操作性成本低、矛盾冲突少，更加容易达成协定。第三，当以上两种方式已经处理不好组织所面临的依赖窘境情形时，组织其实可以转向更大的社会系统来寻求帮助，解决组织发展遇到的困难。当然，求助于国家，动用强制性权力来对组织的依存关系格局进行调整是最后的选择。本来组织的生存与发展会受到经济、社会、政治和法律环境的制约，特别是在威权体制下，组织更需要依赖于政治机制来创造良好的外部环境，这也部分地反映了组织为了实现生存、增长和增进利益所采取的行动。

　　近些年，资源依赖理论在非营利组织和公司的理事会分析中被广泛采纳，认为理事会是衔接组织内部与外部环境的一种重要创新机制。② 它们将理事会视为非营利组织减少环境不确定性的机制，为组织生存发展提供了获取重要资源的机会、增强了对于外部环境信息的获取和处理能力、提升了组织在动态环境中的适应性和竞争性以及提高组织的合法性和公共形象。当然，理事会的功能是伴随组织所面临的情形不断变化和动态调整的，这也使得理事会在具体功能作用和执行边界方面出现了细化，如当组织的理事会主要执行边界跨越的功能，则处理与环境之间的关系；而当组织较少地依赖于外部环境时，组织的理事会则多执行监督功能，更多从事日常管理事务。③ 如今，资源依赖理论已经成为组织理论的经典代表性理论之一，本质上也让我们对于组织与外部主体的关系有了更为深刻的把握，使得我们能够从开放系统的

---

① ［美］杰弗里·菲佛、杰勒尔德·R. 萨兰基克：《组织的外部控制：对组织资源依赖的分析》，东方出版社 2006 年版，第 159 页。

② 田凯等：《组织理论：公共的视角》，北京大学出版社 2020 年版，第 346 页。

③ Miller-Millesen, Judith L., "Understanding the Behavior of Nonprofit Boards of Directors: A Theory-Based Approach", *Nonprofit and Voluntary Sector Quarterly*, Vol. 32, No. 4, 2003.

视角来深入地分析组织与环境的关系，并从组织自主性与环境不确定性这一核心矛盾出发，了解组织探索消除依赖和外部控制、保有独立自主权的方法。

三　企业环境战略理论

企业环境战略管理是伴随着企业战略管理理论的发展而逐渐形成的一支研究流派，其吸收了来自企业核心能力、企业自然资源基础观的重要观点，旨在从自然环境因素的视角切入，探讨企业如何通过战略性环境管理的方式来提升组织的核心竞争力和可持续性竞争优势。在主流的企业战略管理理论中，早在20世纪60年代，战略管理就强调企业要对外部环境进行深思熟虑的判断，不断推进企业技术创新与发展规划，从而以此增强自身的市场份额，开拓有利于企业发展前景的市场空间与产品优势。[①] 除了关注于企业战略与企业外部环境相适应的观点，20世纪80年代起，随着企业经营环境的日益复杂和市场竞争压力的激增，企业战略管理开始将研究焦点转移到企业内部条件与竞争优势方面。对于企业而言，如果想在激烈的市场竞争中得以脱颖而出，那么就必须不断地进行创新，加强组织在异质资源和核心能力方面的建设，唯有如此，才能提升企业的核心竞争力和理论绩效。特别是组织的资源和能力在企业之间往往是难以复制和流动的，而这些特质恰恰构成了企业保持竞争优势的基础。[②] 遗憾的是，虽然早期的战略管理都强调了企业处理与环境之间关系的重要性，但是它们对于自然环境的关注是不足的，并没有将其看作是企业外部环境的一个重要部分，以及探讨其与企业创建竞争优势

---

① 汪涛、万健坚：《西方战略管理理论的发展历程、演进规律及未来趋势》，《外国经济与管理》2002年第3期。

② 陈建校：《企业战略管理理论的发展脉络与流派述评》，《学术交流》2009年第4期；王毅、陈劲、许庆瑞：《企业核心能力：理论溯源与逻辑结构剖析》，《管理科学学报》2000年第3期。

之间的关系。之后，Hart 率先将自然环境引入企业战略管理和企业社会责任研究当中，认为在人类社会面临诸多自然环境问题的考验之下，企业的生产活动和商业运作是不能离开自然环境而独立存在的，在此约束性关系中，企业必须要试图学会处理自然环境的限制性因素，加强在企业发展规划中对于环境内容的考量。①在此观点的影响下，一批学者开始在可持续发展框架之下，研究企业商业管理与自然环境的关系，越来越多的企业也认识到进行环境管理的重要性，主动参与到环境管理的实践当中。

与此同时，不同的学者对企业环境战略提出了不同的划分类型和内容构成。如，Hunt 和 Auster 根据企业对环境问题的主动性程度，将实施企业环境战略的企业分为初始者、救火员、热心公民、实用主义者和前瞻者五种类型。② Henriques 和 Sadorsky 参考企业对于社会责任态度的研究，认为企业环境战略包括反应型、防御型、适应型和前瞻型四种类型。③ Su 和 Rhee 则划分了四种类型，分别为反应型、专注型、投机型和前瞻型。④ 不难看出，根据研究者对于企业环境战略的分类，实际上企业环境战略实践是包含了从反应型到前瞻型的连续体。一端是反应型环境战略，往往是指企业对环境采取被动反应的战略，并没有将其纳入企业战略管理之中，只是当问题出现时，才开始回应解决；相反，另一端则是前瞻型环境战略，则是指企业积极主动、自愿地制定和实施环境管理，通过将全面化的绿色化管理纳入企业经营发展战

①　Hart, Stuart L., "A Natural-Resource-Based View of the Firm", *Academy of Management Journal*, Vol. 20, No. 4, 1995.

②　Hunt, Christopher B., and Auster, Ellen R., "Proactive Environmental Management: Avoiding the Toxic Trap", *Sloan Management Review*, Vol. 31, No. 2, 1990.

③　Irene Henriques, and Perry Sadorsky, "The Relationship between Environmental Commitment and Managerial Perceptions of Stakeholder Importance", *Academy of Management Journal*, Vol. 42, No. 1, 1999.

④　Yol Lee, Su, and Rhee, Seung-Kyu, "The Change in Corporate Environmental Strategies: a Longitudinal Empirical Study", *Management Decision*, Vol. 45, No. 2, 2007.

略，以此提升企业的环境绩效、经济绩效以及核心竞争力。当然，企业环境战略管理的实施取决于其在污染防治、产品监控和可持续发展等多方面的具体实践内容。现有文献涉及很多企业环境战略内容的研究，如 Sarkis 认为企业环境战略实践行为的衡量主要包括生命周期分析、环境友好的研发、基于环境的全面质量管理、ISO14000 的采纳以及绿色供应链管理五个方面。[1] 周曙东从企业环境战略行为、环境管理行为、环境文化三个方面构建了企业环境行为绩效综合评价指标体系。[2] 此外，一些学者从环境战略管理的视角讨论了其对于企业环境行为表现的影响，认为企业要以更加积极的态度看待环境管理，除了遵守日益严格的法规外，还应当保护和增强其道德形象、满足员工的安全问题、有效回应政府监管机构，并开发新的商机，以保持在市场上的竞争力。[3] 在此，我们参考以往的相关研究，可以将企业环境战略管理所涉及的实践内容从以下几个方面进行概括，具体包括产品、生产过程、组织和体系、供应链管理和外部关系维护五个主要方面（如表 3 - 1 所示）。从实践而言，如果企业在环境战略中所涉及的内容越多，则意味着其主动性更强，并且将环境问题视为企业发展的机会而主动创新，提升企业的绿色管理能力和竞争优势，更多地体现为"前瞻型环境战略"。反之，如果企业在环境战略管理中缺少对于这些核心内容的考量，仍是将环境管理视为企业发展的负担，只是在感受外部压力的情况下被动地履行环境责任，则更多地体现为"反应型环境战略"。

---

① Sarkis, Joseph, "Evaluating Environmentally Conscious Business Practices", *European Journal of Operational Research*, Vol. 107, No. 1, 1998.

② 周曙东：《企业环境行为绩效综合评价指标体系研究》，《中国国情国力》2011 年第 11 期。

③ Michael A. Berry, and Dennis A., "Rondinelli. Proactive Corporate Environmental Management: A New Industrial Revolution", *The Academy of Management Executive*, Vol. 12, No. 2, 1998.

表 3 - 1   企业环境战略管理所涉及的实践内容

决策领域	实践行为
产品	新产品开发中绿色工程的发展
	绿色绩效评估和绿色改进实践，如产品生命周期评估、绿色产品推广
生产过程	生产过程中污染物减排的实践
	清洁生产技术的采用和发展
	新产品设计过程中的环境实践
组织和体系	员工的环境教育和培训
	组织内环境管理的部分或人员
	环境绩效衡量、评估和补偿制度
供应链管理	绿色采购（对采购产品进行环境绩效的评估和监测）
	供应商审计、支持和协作实践
	废品的回收和再循环
外部关系维护	与多个利益相关者建立合作伙伴关系，例如政府、非政府组织、社区
	自愿性环境项目
	环境信息公开实践

资料来源：根据 Su 和 Rhee（2007）的研究进行整理。

　　从未来趋势而言，企业将目光聚焦于长远发展，主动实施前瞻型环境战略，实际上能够提升企业的财务绩效、产品质量、组织声誉、吸引具有环保意识的消费者以获取企业环境管理的溢价、吸引更多高素质劳动力以及维持竞争力等，这些方面在大量实证研究中都得以证明。① 除此之外，近些年企业环境战略管理理论开始更多地关注于企业前瞻型环境管理的前置因素，即如何推动企业更加积极主动地进行环境管理。一部分研究从内部因素出发，从高层支持、企业管理者的动机和价值观、企业规模、学

---

① Yang, Defeng, et al., "Environmental Strategy, Institutional Force, and Innovation Capability: A Managerial Cognition Perspective", *Journal of Business Ethics*, Vol. 159, No. 4, 2019；潘楚林、田虹：《前瞻型环境战略对企业绿色创新绩效的影响研究——绿色智力资本与吸收能力的链式中介作用》，《财经论丛》2016 年第 7 期。

习能力、管理系统等方面进行探索;[①] 另一部分研究则关注于制度压力、行业环境、利益相关者压力等外部因素。[②]

四　已有理论对本研究的分析意义

以上，我们对本书所涉及的三个主要理论基础及其核心观点进行了概述，它们在不同侧面都与本书的研究议题"环保组织推动企业践行环境责任的行动策略研究"具有一定的契合性，表3-2呈现了三个核心理论的主要观点以及对于本书的分析意义。具体而言：第一，作为企业社会责任研究主要理论流派的利益相关者理论实际上构成了本书的问题启发点，即"基于利益相关者视角的利益相关者管理"应当何以为之，这也使得研究的分析框架建构主要从环保组织单方的行动主体视角切入，而将企业作为环保组织的行动对象；与此同时，在主流企业社会责任研究中，"基于企业视角的利益相关管理"提供了诸多对于企业管理者思考方式、利益相关者特征和管理策略以及企业社会责任描述框架的研究，这些基础的分析要素对于环保组织的情景认知、价值衡量与事实判断同样具有启发意义。第二，资源依赖理论是分析组织与环境关系的经典理论，特别阐述了组织在面临外部环境不确定的情形下，如何提升组织对于变化环境中的适应性和组织的自主权。在中国，环保组织的发展虽然起步较早、发展较快，但是整个社会组织行业普遍面临组织资源不足的困境，而且环保组织的生存和发展是高度依赖于外部形势和环境的制约，这使得环保组织的行动不可避免地受到外部资源提供者的影响和限制。因此，环保组织与其他主体的资源依赖情形必然会影响其具体的行

[①]　张海燕、邵云飞：《基于阶段门的企业主动环境技术创新战略选择实施分析——以四川宏达集团有限公司为例》，《研究与发展管理》2012年第6期。

[②]　Yu, Wantao, and Ramanathan, Ramakrishnan, "An Empirical Examination of Stakeholder Pressures, Green Operations Practices and Environmental Performance", *International Journal of Production Research*, Vol. 53, No. 21, 2015.

动实践和活动空间。那么，资源依赖理论实际上为我们分析环保组织如何认知组织的外部环境、资源依赖的情形以及如何通过基于对组织外部情景的判断来权宜地进行行动策略选择是极具参考意义的。第三，由于研究议题关注于企业的环境责任，核心目标是推动企业能够更好地践行环境责任，提升环境保护的自觉意识。而这一研究目的的出发点意味着要处理好两个基本问题，包括"环保组织如何判断企业的环境表现"以及"环保组织视角中的企业环境责任是什么"。而企业环境战略理论对于这两个基本问题提供了较好的理论支撑和参考依据。

表 3 - 2　　　　　理论基础、主要观点及其对本研究的分析意义

理论	主要观点	对本研究的分析意义
利益相关者理论	企业的生存与发展并不只依赖于股东的资本投入，同样依赖于企业管理者、消费者、供应商、雇员、社区、社会组织等企业利益相关者的投入 企业作为各种利益相关者缔造的一组契约，这意味着企业承担着广泛的社会责任 企业与利益相关者之间是双向互动的关系，管理者需要判断、协调各利益主体关系，采取适宜的管理策略	反思基于利益相关者视角（环保组织）的企业环境责任建设 关注管理者的思考方式、利益相关者特征的分析要素 思考环保组织视角中的企业环境责任
资源依赖理论	组织根植于相互联系以及由各种各样的联系的网络之中。环境或组织的社会环境在有关问题决策的制定过程中具有重要作用 组织明显受到所处形势和环境的制约，但还是有机会做自己的事情 需要培养人们对组织内部和组织间的行为理解能力	环保组织如何认知自身与外部环境的关系 环保组织与企业的资源依赖关系的具体表现以及如何判断依赖关系 资源依赖关系对于环保组织行动的制约

理论	主要观点	对本研究的分析意义
企业环境战略理论	自然环境是企业外部环境的重要组成部分，是企业创建持续竞争优势的基础 企业环境战略是包含从反应型环境战略到前瞻型环境战略的连续体 企业环境战略在执行中的关注点，既包括关注过程的环境战略，也包括关注产品的环境战略，可以综合概括五个方面：产品、生产过程、组织和体系、供应链管理和外部关系维护 前瞻型环境战略的实践离不开组织内部因素和外部因素的驱动	思考如何衡量企业的环境行为表现 思考环保组织视角中的企业责任

第二节　行动策略的类型

在本节中，我们将结合中国环保组织推动企业践行环境责任的一些具体项目来对其行动策略进行归纳和总结。就行动策略而言，我们在文献回顾的部分实际上对于西方社会中环保组织影响企业环境责任建设的行动策略有所提及，但是由于中西方社会环境差异较大，有些环保组织的行动策略可能并不适用于中国的现实情形。因此，我们有必要立足已有的经验数据，对中国环保组织推动企业践行环境责任的行动策略做一系统梳理。

一　具体行动举措的获取

在获取策略集合的过程中，我们首先收集了 16 家中国著名的环保组织，这些组织既包括官办类的环保组织，也包括行业协会以及民间类的环保组织。之后，我们通过二手数据分析了 16 家机构所涉及影响企业环境责任建设方面的代表性项目或者业务内容，并将案例中环保组织的具体做法进行归纳整理，最终得到了每一环保组织的行动策略集合，如表 3 - 3 所示（详细项目情况介绍请参见附录 1）。

表 3 - 3　　环保组织推动企业践行环境责任的行动策略集合

序号	环保组织名称	推动企业环境责任建设的行动举措
1	中国环境保护产业协会	1. 开展行业企业信用、能力等级评价 2. 开展行业调查研究，为企业决策服务 3. 编制制定行业相关环保标准 4. 开展环保先进技术推广、示范及咨询 5. 开展国内外行业交流与合作 6. 推广宣传行业环保先进代表单位案例 7. 搭建行业环保信息服务 8. 出版发行行业刊物好资料 9. 积极进行行业相关的政策倡导
2	中华环保联合会	1. 发挥政府、社会、企业之间的桥梁与纽带 2. 开展环境保护领域的论坛和新技术推介 3. 开展环境权益维护 4. 推动环境保护领域的公众参与，为社会监督创造条件 5. 研究和制定行业环保信用评价标准 6. 环境污染第三方治理 7. 开展节能生态环保、科技咨询及培训服务 8. 出版发行环境类刊物、传播先进企业环境文化 9. 推动生态环境建设公益事业和环保产业发展
3	绿石环境保护中心	1. 搭建政府—企业—社区—NGO 多方参与共治平台 2. 推动企业环境信息公开 3. 企业排放检测 4. 河流水质、水文情况调研 5. 媒体曝光企业非合规排放行为

序号	环保组织名称	推动企业环境责任建设的行动举措
4	阿拉善 SEE 生态协会	1. 打造企业家、环保公益组织、公众参与互动平台 2. 成立环境公募基金会，支持环境公益项目 3. 整合企业家及社会资源 4. 提供环保行动体验和互动式学习
5	自然之友	1. 环境公益诉讼 2. 推动公众参与监督 3. 项目调研 4. 媒体曝光 5. 向政府反馈企业污染行为
6	天津绿领环保	1. 水环境污染调查 2. 媒体曝光企业环境污染行为 3. 重污染企业环境监测 4. 推动企业环境信息公开
7	芜湖生态中心	1. 开展污染调查 2. 搭建第三方环境信息监测平台 3. 出版行业调查报告
8	绿满江淮	1. 污染受害者维权 2. 媒体报道和政策倡导 3. 搭建公众参与平台
9	绿色和平	1. 环境污染行为曝光 2. 跨部门联盟调研和倡导 3. 国家合作与交流 4. 推动企业环境信息公开 5. 供应链策略 6. 抵制消费
10	绿色流域	1. 搭建流域治理的合作平台 2. 发挥参与和问责 3. 跨部门合作，推动绿色信贷 4. 媒体曝光

续表

序号	环保组织名称	推动企业环境责任建设的行动举措
11	磐之石环境与能源研究中心	1. 环境检测与研究 2. 发布监测报告
12	绿色江汉	1. 水污染调查 2. 推动企业环境信息公开 3. 参与政策倡导 4. 环境教育培训
13	绿驼铃	1. 环境宣传教育 2. 污染企业监测 3. 推动社会公众参与
14	中国绿发会	1. 开展宣传教育、学术交流和培训 2. 资助维护公众环境权益 3. 促进国际交流与合作 4. 开展绿色发展领域政策法律法规和环保科技咨询 5. 推广宣传行业做出贡献的团体和个人
15	达尔问求知社	1. 环境检测 2. 政策倡导
16	仁渡海洋	1. 搭建与企业 CSR、政府、志愿者合作对接平台 2. 科研监测网络 3. 建设环保学习网络

二　行动策略类型的归纳

可以说，16 家环保组织推动企业践行环境责任的实践为我们提供了一个庞大而复杂的行动策略集合。进而，我们以环保组织与企业在行动中的"合作性"和"对抗性"为分类依据，再次对这些策略集合进行分类，得到了九个"基本策略"类型，分别为环境诉讼、联合抵制、媒体披露、供应链驱动、政策倡导、管理者行动、环境公益合作、标准制定和服务咨询。这九个基本策略，从环境诉讼到服务咨询，合作性越来越强，对抗性越来越弱。

在此基础上，我们可以对这九个从经验数据中直接归纳出来的基本策略进一步"合并同类项"（如表 3-4 所示）：（1）"环境诉讼""联合抵制""媒体披露""供应链驱动"和"政策倡导"有一个共同的特征，就是环保组织以对立的立场来影响企业环境责任行为，这其中可能包含冲突性的矛盾，因此可以将它们合并为"对抗主导型策略"；不过，在五种对抗型基本策略中，在具体作用路径上，前三种属于环保组织"直接对抗型"，"供应链驱动"和"政策倡导"属于"间接对抗型"。（2）"管理者行动"的特征是，环保组织采取了较为温和或者间接的方式来影响企业环境责任行为，为避免发生激烈的冲突矛盾，通过影响企业内部管理者的方式来委婉地对企业的一些环境行为进行调整，可以称之为"督促主导型策略"。（3）"公益合作"自成一类，其主要指环保组织具有较强的独立性，与企业在一些环境公益项目、绿色金融、环保营销合作等方面展开交流互动，可以称之为"合作主导型策略"。（4）"标准制定"和"服务咨询"的共同特征是，在行动过程中，环保组织致力于提升企业超合规的环保水平，并且深入参与到企业行业规范中为企业环境责任建设提供咨询与服务，因此可以合并为"促进主导型策略"。

表 3-4　　　　　　环保组织推动企业践行环境责任的
基本策略及四种主导类型归纳

一级策略	基本策略 （二级策略）	策略内容描述
对抗主导型策略	环境诉讼	采用法律途径向有关环境违规企业提起公益诉讼或者协助污染受害者进行环境法律维权
	联合抵制	通过跨部门之间的组织联盟（包括 NGO、政府、公众），抵制或者抗议各类违反环境标准的项目的实施
	媒体披露	借助媒体渠道对企业环境影响进行披露，表达对于环境违规企业的反对声音

一级策略	基本策略 （二级策略）	策略内容描述
对抗主导型策略	供应链驱动	借助供应链上的优质核心企业来向链上的其他污染型企业进行约束和引导
	政策倡导	借助政府部门的力量来对违规企业或者产品不合格企业施加压力
督促主导型策略	管理者行动	推动企业管理者在环境保护方面的意识和重视度
合作主导型策略	公益合作	加强在环境公益慈善、主题推广、公益基金、国际交流等方面的合作
促进主导型策略	标准制定	加强调研研究，制定行业规则和环境评价标准，引导企业向优质环境标准迈进，加强企业的环境认证与审计
	服务咨询	进行行业调查与研究，进行政策倡导；开展节能生态环保、科技咨询及培训服务等，发挥政府与社会、企业之间的桥梁和纽带作用

从上述环保组织行动策略集合的逐步归纳过程可以看出，中国环保组织影响企业环境责任建设的行动策略与西方国家的环保组织是存在极大差异性的。一是中国环保组织的行动策略基本上不采用极端的方式和手段。例如，在西方一些激进型环保团体，会采用非正式化或者极端冲突式的策略来对企业施加影响，其中包括暴力攻击甚至扣押人质，但是反观当下中国环保组织影响企业环境责任的行动，如此极端化的举措基本上是不可见的。二是环保组织的行动策略具有一定的自律性和"去政治化"的特点。环保组织在推动企业践行环境责任的过程中，不以挑战政治权威为目的。如在上述的案例中，环保组织非常善于运用国家政策话语来增强其行动的合法性和正当性，并为其保护生态环境公共利

益诉求进行合理性辩护。三是环保组织的行动策略具有一定的多样性和权变性。对于任一环保组织而言都可能运用了多种行动策略或者策略组合，而非呈现某一单一举措。

第三节 资源依赖、使命兼容与策略选择：一个分析框架

以上，我们已初步分析完环保组织眼中的企业环境责任及其具体行动策略。接下来，本节将进一步探讨环保组织推动企业践行环境责任行动策略的分析框架。分析框架的建立一方面吸收了来自田野的观察与思考；另一方面，在结合利益相关者理论、资源依赖理论和企业环境战略理论的基础之上。最终，从"环保组织与企业关系的依赖性"和"环保组织使命与企业环境行为表现的兼容性"两个核心因素出发，分析了环保组织推动企业践行环境责任的情景判断以及不同情形之下的行动策略选择。

一 经验启发与竞争性解释

2019 年 5 月，笔者正式开始着手有关经验材料的收集和调研，在朋友的帮助下，先后和几家环保组织的负责人和工作人员进行了访谈，主要了解当下国内环保组织在推动企业践行环境责任方面的一些实践动态。不过，那个时候笔者对议题的关注主要集中在环保组织如何展开行动，每次调研之后都是依据访谈资料初步梳理经验现象中环保组织的具体行动策略和故事，但基本上仍以描述性材料为主。只是在一次的田野访谈中，无意之间发现了一个值得关注的现象。

"近些年，我们也开始尝试探索与企业之间的合作，实际上也希望能够通过与企业的合作来扩大组织资金的来源，这样我们的收益来源就会更加多元化一些。有来自政府部门的资助、公众

的支持、企业的捐助，那么我们其实也减少了［单纯］对于某一方的资金依赖，应当说在组织行动上有更多的自主空间。不过在这个方面，我们还是会比较谨慎些，因为很多时候组织本身的项目都是涉及企业［环境］监督，我们也会对企业环境表现做一些实地调研，最终再进行媒体公开。试想如果我们一边拿着企业的钱，一边还要监督人家，那到时我们的监督会不会有点畏首畏尾呢？就类似于'吃人嘴短、拿人手软'，过多地依赖并不有利于很好地实现组织的使命，而且可能最后我们发布的监测结果，也会受到其他企业［对于公正性］的质疑。所以，怎么处理这种矛盾关系，我觉得这是当下需要思考的问题。环保组织寻求企业来获取组织发展的资源，这本身没有问题，但不要因此而失去自己的独立性和中立性，背离自己的组织使命就好。"（2019 年 10 月 20 日与 M 先生访谈）

这段话引起了笔者的兴趣，它并非是个案，因为在之后的一些调研中发现类似的担忧非常常见，它蕴藏着困扰环保组织影响企业环境责任建设行动的一个关键问题，即在坚守组织使命与依赖企业资源之间，环保组织应当如何平衡，从而做出合理的行动策略选择？带着这样的疑问，笔者开始从环保组织推动企业践行环境责任的行动策略本身进一步迈向环保组织行动策略选择背后影响因素的思考。

对于这一问题，其实与之直接相关的研究非常少。但是不难发现，其本质上仍然是一个组织行为的问题，即探讨处于不同情形条件下的组织如何采取不同的行动策略来完成各种组织任务，从而实现组织目标。在好奇心的驱动下，笔者很快便从科层组织研究以及政社互动的文献中汲取养分。例如，在组织行为研究中，目前习惯的思路是将组织行动策略选择的原因归结于激励结构、监督结构、组织性质、任务性质、资源依赖结构等，在这些不同的关键性影响因素下，组织行为呈现出不同的策略选择。[1]
固然这些影响因素在理论上具有一定的借鉴意义，但是我们并不
能完全将其照搬，甚至于有些影响因素在环保组织推动企业践行
环境责任的行动议题上并没有充分的解释力。例如，在科层组织
行为研究中，多从激励结构和监督结构出发探究其行动策略，而
在本议题中，二者皆是社会组织行动发生的外部制度条件，并无
法深入地解释社会组织推动企业践行环境责任的策略选择。组织
性质虽然是社会组织研究中经常考虑的重要因素，毕竟中国社会
组织类型多样，包括官办 NGO、民间 NGO 以及行业协会等等，
但是我们却不能简单地得出"不同性质的环保组织采用某一行动
策略"的结论，因为现实中不同性质的环保组织依然会综合采取
各种不同的策略来实现组织目标。从某种意义上而言，此一命题
便成为了不证自明的伪命题，因为更为关键的内容在于解释"社
会组织在何种情形之下采取何种行动策略"，故而组织性质在本
议题中不能算作是关键因素。任务性质是社会组织行动中颇为引
起关注的关键要素，由于社会组织的行动是嵌入于具体的行动项
目或者活动之中，不同的组织任务实际上构成了社会组织一个个
具体的行动情景。遗憾的是，现有环保组织与企业之间互动的研
究通常聚焦于具有公益性质的议题，如志愿服务、慈善捐助等，
这些任务活动通常具有低敏感性，也是环保组织与企业乐意开拓
的合作领域，在行动策略上基本上以跨部门合作为主要特征。但
环境议题相较于社会服务类议题而言，是一个既具有高敏感性

① 周雪光、赵伟：《英文文献中的中国组织现象研究》，《社会学研究》2009 年第 6 期；陈那波、李伟：《把"管理"带回政治——任务、资源与街道办网格化政策推行的案例比较》，《社会学研究》2020 年第 4 期；何艳玲、汪广龙：《不可退出的谈判：对中国科层组织"有效治理"现象的一种解释》，《管理世界》2012 年第 12 期；Maskin, Eric, et al., "Incentives, Information, and Organizational Form", *The Review of Economic Studies*, Vol. 67, No. 2, 2000；王诗宗、宋程成、许鹿：《中国社会组织多重特征的机制性分析》，《中国社会科学》2014 年第 12 期；李健、陈淑娟：《如何提升非营利组织与企业合作绩效？——基于资源依赖与社会资本的双重视角》，《公共管理学报》2017 年第 2 期。

（环境冲突），同样也具有低敏感性（环保公益）的任务领域，这使得环保组织影响企业环境责任建设面临更加复杂的任务情境，那么如何将复杂的任务情境与环保组织的行动策略选择相勾连，在现有研究中并没有解释。此外，组织资源依赖结构同样是组织行为研究中的经典视角，这也是我们在访谈中发现的关键因素，环保组织为了获取和维持组织的生存及发展，不得不与外部环境中的其他社会主体联系起来。而环保组织与企业的关系中，环保组织也因与所获企业资源比例的不同形成了不同的依赖关系。然而，我们是否同样能够得出环保组织对于企业资源依赖性越强，其越倾向于采取合作性质的行动策略；对于企业资源依赖性越弱，其越可能采取对抗性质的行动策略。如果依循这一思路，会发现该结论是并不能经得起实践的考验的，因为不论在何种资源依赖结构之下，环保组织既有合作的一面，也有施压的一面，绝非呈现出单一化的倾向。但是在以上的访谈中又可以看出，资源依赖结构的确会将环保组织的行动拉入"左右为难"的境地，那么我们只能推断出资源依赖结构是社会组织推动企业践行环境责任行动选择的必要条件之一，而非充分条件。

回到我们上述的访谈内容，不难发现环保组织影响企业环境责任建设行动选择除了理论文献所涉及的因素之外，对于组织使命的坚守构成了环保组织策略选择的另一关键因素。正是使命坚守与企业资源依赖之间张力所型构的复杂性关系，使得环保组织推动企业践行环境责任的行动情形不断变动，进而影响了环保组织的行动选择。虽然获取企业资源是环保组织的重要目标之一，但是相对于坚守组织使命而言，这同样是环保组织不可动摇的目标，甚至是组织生存与发展的根本信念。故而，与以往组织研究的影响要素不同的是，本书拟将环保组织的使命坚守纳入接下来的分析维度。

二　策略选择框架的建构

基于以上的理论基础以及田野经验的启发，本书围绕"认知面—行动面—目标面"三个方面建立起本书的分析框架（如图 3-1所示），并将"环保组织与企业关系的依赖性"和"环保组织使命与企业环境行为表现的兼容性"作为研究的关键解释变量，试图分析不同情形之下，环保组织推动企业践行环境责任的策略选择。以下是对于分析框架构成内容的介绍：

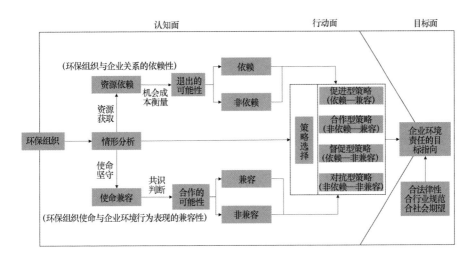

图 3-1　本书的分析框架

1. 认知面：资源获取和使命坚守

在本书中，我们拟将环保组织视为一个"具有有限理性且具有策略性"的行动主体，它会在既定情形的约束之下，根据对组织面临情形的事实判断和分析来确定自身行动策略的选择。而对于任何一个具有理性的行动主体而言，当其采取最为恰当的行为选择时，离不开对于既定情形的适应与思考，需要判断自己"现在处于一个什么样的情形之中"——"我是谁？"——"在这一情景之下各种行为的适宜程度如何？"，因此，"认知面"构成了环保组织推动企业践行环境责任行动策略选择的前置环节，其需要从组织自身状况和组织所处环境出发，基于理性的事实判断形成对情形的认知，从而做出相对可行的行动方案。

从环保组织的立场来看，组织认知判断有两个非常关键的出发点：一是获取资源以确保组织的生存和发展。在经典的组织学著作中，很多时候组织研究更侧重于组织内部的管理，认为只要内部治理完善那么组织的生存与发展将一切步入正轨。但实际上，组织的生存与组织运转是两个差别很大的问题，诚如资源依赖理论的观点，如何求得生存是组织时刻面临的考验。组织需要从内部系统转向对于外部环境的关系维护，实现组织资源供给的稳定以及持续性。于环保组织而言，组织的成长与发展往往需要依赖于多方面资源的支撑，包括物质资源、人力资源、技术资源和知识资源等等，其中物质资源更是当前国内整个第三部门行业发展普遍面临的主要问题。在调研中，经常可以发现，很多环保组织为了实现组织的运转，不得不同时依托于来自政府购买服务、基金会资助等多个项目的支持。这意味着，当环保组织从外部环境中获取资源时，组织要能够很好地认知环境、适应环境和处理环境。由于在社会交换系统中，只要某一方没有掌握行动的完全主导权或者缺少实现组织发展的关键必要条件，那么相互依赖就会发生。① 尽管相互依赖是组织所具有的开放性系统的产物，但是当外部环境持续不断地提供组织所需要的资源时，外部组织所掌握资源的权力可能会影响甚至控制组织实现期望产出的能力。那么，在聚焦于环保组织推动企业践行环境责任的行动中时，环保组织与企业主体之间的资源关系便构成其行动选择的重要前置因素，我们将其简称为"资源依赖"。

二是坚守组织使命以实现组织的目标。在组织理论中，组织

---

① ［美］杰弗里·菲佛、杰勒尔德·R. 萨兰基克：《组织的外部控制：对组织资源依赖的分析》，东方出版社 2006 年版，第 44 页。

使命往往被称为组织在社会中存在的理由，其在一定程度上明确组织的价值取向以及需要承担的责任。现代管理之父德鲁克曾说："对于非营利组织而言，除自身必备良好的动机外，明确的使命、清晰的目标、正确的策略和卓有成效的管理方式都为社会组织的持续发展提供了保证。"① 而其中使命更是成为社会组织成立发展的逻辑起点和各类管理行为所要考虑的核心要素。社会组织因为使命而得以确立，这种强烈的社会责任感和公共意识导向，使得社会组织始终是坚持以公共价值为前提，致力于解决那些困扰社会良性运转的制约要素，从而努力实现社会的公平正义。正因如此，社会组织因为使命的意义而给社会带来深刻的变化，甚至从某种意义上讲，明确组织的使命是社会组织发展的第一要务。环保组织作为以环境保护为主旨，向社会提供环境公益服务的非营利性社会组织，其最重要核心的使命是促进环境改善，推动人类社会与环境的可持续发展。当环保组织影响企业环境责任建设时，并不仅仅指向特定主体的相关权益诉求，而且还会涵盖对于环境公共利益或者普遍性社会利益的追求。这一点是任何环保组织成立的初衷，不论何时何地何种情形，环保组织决不能轻易地迁就于企业的环境失责行为。如果组织的行为背离这一初衷，那么环保组织也失去了其存在的社会意义和公益属性。那么，我们可以推出一个基本假设，即环保组织的使命具有不可妥协性。在此基础上，环保组织对于企业环境行为表现的事实判断成为其行动策略选择的另一重要影响因素，我们将其简称为"使命兼容"。

　　由此，我们基于环保组织的视角分析了其推动企业践行环境责任行动策略选择前，进行理性事实判断的认知出发点，从而演绎出两个影响其行动策略选择的关键因素。之后的内容，我们会

---

① ［美］彼得·德鲁克：《非营利组织的管理》，吴振阳译，机械工业出版社2007年版。

进一步对这两个关键的解释变量及其机制进行说明，包括环保组织与企业的资源关系如何衡量、企业环境行为表现如何判断以及其认知判断的具体机制是什么。

2. 行动面：可运用的行动策略

行动面主要是指环保组织推动企业践行环境责任时可运用的行动策略。在此，我们基于认知面的两个关键因素，从理论上得出不同情形下四种环保组织推动企业践行环境责任的策略类型，分别为对抗主导型策略①、督促主导型策略、合作主导型策略和促进主导型策略。"对抗主导型策略"是指环保组织以对立的立场来施加压力，从而影响企业环境责任行为，这其中可能包含冲突性的矛盾，如环境诉讼、联合抵制、媒体披露、供应链驱动、政策倡导等，都可以视为对抗主导型策略的一些具体举措表现；"督促主导型策略"是指环保组织采取了较为温和或者间接的压力方式来影响企业环境责任行为，为避免发生激烈的冲突矛盾，通过影响企业内部管理者的方式来委婉地对企业的一些环境行为进行调整；"合作主导型策略"是指在独立平等的基础上，环保组织与企业在一些环境公益项目、绿色金融、环保营销合作等方面展开交流互动；"促进主导型策略"则是指环保组织为了提升企业超合规的环保水平，深入参与到企业行业规范之中，为企业环境责任建设所提供的咨询与服务等。

那么，从"对抗主导型策略"到"促进主导型策略"的渐进过程，实际上环保组织与企业之间的合作性越来越强，对抗性越

---

① 此处"对抗主导型策略"与西方国家的环保组织的对抗性策略是存在极大差异性的。一是中国环保组织的行动策略基本上不采用极端的方式和手段。例如在西方一些激进型环保团体，会采用非正式化或者极端冲突式的策略来对企业施加影响，其中包括暴力攻击甚至扣押人质，但是反观当下中国环保组织影响企业环境责任的行动，如此极端化的举措基本上是不可见的。二是环保组织的行动策略具有一定的自律性和"去政治化"的特点。环保组织在推动企业践行环境责任的过程中，不以挑战政治权威为目的。环保组织非常善于运用国家政策话语来增强其行动的合法性和正当性，并为其保护生态环境公共利益诉求进行合理性辩护。因此，"对抗主导型策略"更多体现为"去政治化""去暴力倾向"的对抗策略。

来越弱。此外，这四种主导型行动策略在实践中可能背后包含丰富的策略集和具体措施。需要说明的是，主导型行动策略和具体策略或者措施之间是具有一定区别的，在现实中，具体策略是庞大而复杂的，可以表现为各种具体的行动措施，但是主导型行动策略是对于具体策略和措施更高层次的抽象和总结，有利于在理论上分析不同情形条件之下所对应的策略选择。

3. 目标面：环保组织视角中的企业环境责任

目标面在于阐述环保组织推动企业践行环境责任的目标指向，即试图推动企业哪些方面的环境责任。然而，这一问题在现有研究中尚未厘清。我们知道，在利益相关者理论中包含了利益相关者与企业双方主体，但是在研究和实践导向中却逐渐形成了一种"企业中心主义"的思维方式，即立足于企业的视角来分析企业社会责任建设的边界、范畴和层次。这使得企业社会责任建设无论是在内容、价值导向上，还是在具体实现方式上，都较容易产生工具主义的风险。例如：有学者指出，这种基于利益相关者而认定的企业社会责任，实际上潜意识中将更广泛的社会属性蜕变为利益相关者属性，企业承担的社会责任等同于利益相关者的权益要求，失去了增进社会普遍福利的本来性质。[1] 此外，企业社会责任本身是一个包含多元化理解的概念，其中既有强制性的部分，也有非强制性的部分。如卡罗尔认为企业社会责任是社会对于企业在践行经济责任、法律责任、伦理责任和慈善责任的期望，希望企业积极履行此类义务。[2] 其中赢取经济利润成为企业的第一要务，而法律责任则是企业经营行为的基础底线，伦理责任和慈善责任则对于企业应履行的义务给予更多期望，希望企业

---

[1]　De Bakker, Frank G. A., et al., "A Bibliometric Analysis of 30 Years of Research and Theory on Corporate Social Responsibility and Corporate Social Performance", *Business & Society*, Vol. 44, No. 3, 2016.

[2]　Carroll, Archie B., "The Pyramid of Corporate Social Responsibility: Toward the Moral Management of Organizational Stakeholders", *Business Horizons*, Vol. 34, No. 4, 1991.

有责任做正确、正义、公平、合乎伦理的事，甚至成为一个好的企业公民。可以说，越往后，企业的义务范围将越广，整体呈现出"金字塔"特征。德国经济伦理学者乔治·恩德勒认为责任通常包括三种情况：消极的义务（此义务要求行为不直接伤害他人）、严格的积极义务（此义务要求履行已经承担的角色义务）和广义的积极义务（此义务倡导行善）。① 在此三种义务中，消极义务是普遍适用的底线义务，换句话说，意味着"做不好分内之事必须承担的过失"；严格的积极义务虽普遍适用，但是受不同行业、文化的影响，体现为企业应尽的"分内之事"；广义的积极义务则不具有强制的约束力，遵循企业自愿性的原则，除非企业违反了消极的义务以及不主动履行严格的积极义务，并且有意忽视广义的积极义务，才可以说是有责任的。

　　因此，从逻辑上而言，基于利益相关者管理的企业社会责任并不等同于基于利益相关者视角的企业社会责任。特别是在企业环境责任建设中，环保组织作为企业社会性利益相关者的重要参与者，其公共性、民间性、非营利性的特点，使得环保组织对于企业环境责任的认知与企业自身的定位存在极大的差异性。如果我们依据恩德勒所提出的责任三种情况，那么就"企业→利益相关者"的思考方式而言，企业通常将消极的义务和严格的积极义务作为企业环境责任建设注意力分配的关注点。中国出台相关的环境法规和政策，如《大气污染保护法》《水污染防治法》《化学危险品安全管理条例》等。这些都是用于调整特定环境关系的专门法律，其中既包括对企业排放污染物类别、污染排放量、生产原料、能源投入的控制，也包括对环境质量标准、环境保护基础标准以及技术方法标准的限制性规定。如果企业没有遵守相关的法律规定，将受到相应的行政处罚。与此同时，企业所扮演的角

---

　　① ［德］乔治·恩德勒：《经济伦理学大辞典》，上海人民出版社 2001 年版；刘长喜：《企业社会责任与可持续发展研究》，上海财经大学出版社 2009 年版，第 38 页。

色或者所处行业规范同样要求其积极主动承担一些严格的积极义务，增强环境的合规性，降低环境风险、减少交易成本、达致行业的准入门槛。相较于前两种责任情况而言，广义的积极义务对于企业则具有较强的灵活性，企业可以根据自身能力和管理意愿来灵活抉择广义积极义务的战略安排。因而，企业对于广义的积极义务的关注度呈现出一定的选择性，特别是在利润最大化的导向下，企业基于利益相关者管理的社会责任建设更倾向于开展那些成本较低、营销潜力更大的社会责任行为，而那些高投入低收益的企业社会责任活动则较少关注。①

　　然而，当我们从"利益相关者→企业"（"环保组织→企业"）另一面来思考，环保组织视角中的企业环境责任是一个全方面的多元化概念，其对于企业环境责任建设的期望基本上涵盖了恩德勒所提责任的三种情况。我们可以依次将其概括为：合法律性、合行业规范性和合社会期望。合法律性是指企业根据法律法规要求所应当承担的法定强制性环境保护义务，防止企业在盲目追求现实利益的诱惑下肆无忌惮地破坏生态环境，这对应于责任的"消极的义务"；合行业规范性是指企业在遵从基本环境法律法规的基础之上，企业根据自身所处的市场角色和行业规范性要求，积极主动采取环境防治措施以及将环境责任纳入企业战略管理中来，提升在强制性标准基础上的超水平合规和环境绩效表现，这对应于责任的"严格的积极义务"；合社会期望是指企业能够从更广泛的伦理道德以及公益慈善的视角出发，加强对于环境公益、环境正义以及人类和自然和谐相处等积极价值观的关注，这对应于责任的"广义的积极义务"。合社会期望的环境责任虽然在法律中并没有明确规定，基本上是一种非强制性的约

---

① Lee, Min-Dong Paul, "A Review of the Theories of Corporate Social Responsibility: Its Evolutionary Path and the Road Ahead", *International Journal of Management Reviews*, Vol. 10, No. 1, 2008.

束，可如果有些企业刻意忽略或者违背社会所期望的善意之举，仍然易受到道义上的谴责。需要指出的是，这三个环保组织视角中的企业环境责任并不是按照由低到高的次序看待，而是将三者视为一种统一的集合关系。因为从合法律性、合行业规范性再到合社会期望，三者之间并不存在时间上的先后性，实际上是企业环境责任边界的不断扩展，其所应履行的义务范畴逐渐增多，这三个方面都是环保组织影响企业环境责任建设的重要方向和内容。同样，我们也可以将这三个责任边界的演进视为企业从"反应型环境战略"向"前瞻型环境战略"的转变。相反，基于企业视角中的环境责任则存在关注度上的先后顺序，其中合法律性和合行业规范性是企业高度关注的内容，合社会期望则具有较强的选择性（如图3-2所示）。

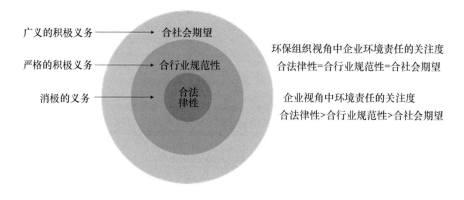

图 3 - 2　环保组织视角中的企业环境责任

三　关键变量的解释和描述

（一）环保组织与企业关系的依赖性

如上所述，环保组织与企业之间的资源关系成为其影响企业践行环境责任的核心问题。在利益相关者理论中，实际上其在描述、工具和规范意义上的研究路径对于我们把握企业的不同利益相关者的特征提供了启示性框架。特别是当利益相关者异常繁杂的情形下，企业需要依据一些标准属性和关键特性，剥离出哪些至关重要的利益相关者，从而选择合理的应对策略。如在利益相关者管理的一些经典文献中，米切尔专门从权力特性、合法性要求以及紧迫情形三个方面来综合衡量利益相关者的特点，在这三个判断因素的共同交互之下，企业可以从中寻找出七种利益相关者种类和非利益相关者主体，从而依据利益相关者属性特征及其组合情况来有效地进行行动策略的管理。[①] 那么，基于环保组织的视角来分析环保组织是如何判断其与企业之间的关系？双方之间的关系程度如何？是否具有一定的灵活性？

亦如企业对于其与利益相关者关系的分析，环保组织同样会从与企业关系的审视判断中感受自己的处境，从而作出合理的行为选择。环保组织与企业关系的依赖性是指环保组织与其试图影响的企业之间资源关系的重要程度。而这种重要程度的表现结果就是环保组织在机会成本衡量基础上，是否从该关系中具有可退出性。[②] 换言之，当环保组织与企业之间是依赖性关系时，环保组织从这种关系中离开关系产生的机会成本要大于保有关系产生的成本，则环保组织在此关系中具有不可退出性；当环保组织与企业之间是非依赖性关系时，环保组织从这种关系中离开关系产生的机会成本要小于保有关系产生的成本，则环保组织在此关系中具有可退出性。在此，我们借鉴资源依赖理论的观点，认为衡量社企间关系的依赖性与否主要包括两个方面：一是利益关系上的可退出性与否。资源依赖理论认为，在开放性系统环境中，任

①　权力性是指利益相关者能够影响企业决策的能力和手段；合法性是指利益相关者的主张是否符合法律或道义标准；紧迫性是指利益相关者的诉求能够获得企业立即关注的程度。参见 Mitchell, Ronald K., Bradley R. Agle, and Donna J. Wood, "Toward a Theory of Stakeholder Identification and Salience: Defining the Principle of Who and What Really Counts", *The Academy of Management Review*, Vol. 22, No. 4, 1997。

②　此处企业既可以指某一具体的企业，也可以指环保组织试图影响的某一类企业。

何一个组织都不可能达到自给自足孤立存在的状态，组织为了获得维持生存的必要资源，就必须与环境中的其他因素或者社会主体进行交易，以供自身更好地生存和发展下去。资源依赖理论非常重视外部环境对于组织行为以及产生结果的影响，特别当组织对外部群体或者组织的依赖性逐渐增大时，更易受到外部环境的影响和制约。如前理论部分所提及，菲佛和萨兰基克曾在分析组织的外部控制时，提及有三个因素对于判断一个组织对其他组织的依赖性是比较关键的。第一，资源的重要性，也就是组织运转和生存对其依赖的程度。第二，利益群体对这一资源的分配和使用的控制力。第三，替代资源存在的情况，或者利润群体对资源控制的范围，也是决定组织依赖性的重要的因素。应当说，这三个因素对于我们理解环保组织与企业关系的依赖性关系具有启发意义。在此基础上，我们从以下几个方面归纳了衡量社企关系的依赖性问题：（1）企业资源对环保组织的生存运转是关键性的和重要的；（2）企业可以控制着配置、途径或者资源的使用，或者掌握着对资源控制的范围；（3）环保组织不易找到其他资源替代的方法；（4）社会组织的行动或者产出对于企业而言是可见的，并且是可以评价的，以此来判断行动是否符合企业的要求和期望。

二是治理结构上的可退出性与否。在资源依赖理论中，组织为了减少对于外部环境资源的依赖，通常会采取行动以降低基于依赖性所带来的不确定和脆弱性。如菲佛和萨兰基克认为组织可以改变自己的相互联系的情形，通过增加自己的优势，达到使与其进行交换的组织对它的依赖性加强的目的。他们总结了三个战略来分析组织重构与环境相互依赖的条件的方式，具体包括：垂直合并、水平扩张和多元化。① 这些战略在企业管理的文献中进行了大量探讨，后来 Hillman 等在他们二人研究的基础之上，总

① ［美］杰弗里·菲佛、杰勒尔德·R. 萨兰基克：《组织的外部控制：对组织资源依赖的分析》，东方出版社 2006 年版，第 124 页。

结了企业可以采取降低对环境依赖性的五种方案，分别为合并/垂直整合、合资、董事会调整、政治行动和高管继任。① 近些年，在非营利部门探讨资源依赖战略管理的文献逐渐增多，非营利组织也逐渐通过合并、伙伴联盟、吸纳来削弱其他主体对于自身权力的影响。特别是吸纳行为作为一种有效的联结机制常发生在非营利部门和企业之间，非营利组织通过吸纳外部行动者将其纳入理事会、咨询委员中担任咨询或者决策角色，从而实现与环境中的其他独立主体协调行动，其中连锁董事便成为降低对外部环境依赖性的有效方式。② 所谓连锁董事是指连兼两个组织或两个组织以上的董事会的董事。研究表明，连锁关系影响行业内部和跨行业的相互依赖性，因为董事会是吸收组织中环境不确定性的重要途径。具体来说，董事会是资源的重要提供者，如咨询和建议，沟通和信息以及合法性；连锁董事的组织结构决策可以提高组织相对于环境中其他组织的地位，当不确定性很高时，连锁董事或大型董事会尤为重要。③ 在非营利组织中，对于连锁董事的研究非常广泛，甚至于在某些方面，由于限制此类关系的法律约束相对较少，非营利组织比企业更依赖于连锁董事。④ 非营利组织经常会通过连锁董事与其他非营利组织和资深企业建立联系，而且具有公共部门隶属关系的董事会成员越来越重要，特别是对于提供社会服务方面的非营利组织。然而，连锁董事同样是一把双刃剑，一方面，如果环保组织的关键理事会成员吸纳来自其试

---

① Hillman, Amy J., et al., "Resource Dependence Theory: A Review", *Journal of Management*, Vol. 35, No. 6, 2009.

② Deanna Malatesta, and Craig R. Smith, "Lessons from Resource Dependence Theory for Contemporary Public and Nonprofit Management", *Public Administration Review*, Vol. 74, No. 1, 2014.

③ 王建琼、林琪：《董事网络与公司治理研究述评及展望》，《管理现代化》2019 年第 6 期；Richard D. Heimovics, et al., "Executive Leadership and Resource Dependence in Nonprofit Organizations: A Frame Analysis", *Public Administration Review*, Vol. 53, No. 5, 1993.

④ Guo, Chao, "When Government Becomes the Principal Philanthropist: The Effects of Public Funding on Patterns of Nonprofit Governance", *Public Administration Review*, Vol. 67, No. 3, 2007.

图影响的企业的连锁董事成员，那么社会组织与企业关系的捆绑性将会更强，甚至于环保组织的独立决策权会被分享；另一方面，增加理事会成员与企业的联系可能最终挤出专家型的理事会成员。综上，我们将用于衡量环保组织与企业关系依赖性与否的具体标准，以表3-5呈现出来。

表3-5 环保组织与企业关系依赖性与否的衡量标准

分析维度	状态		衡量的标准
环保组织与企业关系的依赖性	非依赖/依赖	利益关系上的可退出性与否	①企业资源对环保组织的生存运转是关键性的和重要的 ②企业可以控制着配置、途径或者资源的使用，或者掌握着对资源控制的范围 ③环保组织不易找到其他资源替代的方法 ④社会组织的行动或者产出对于企业而言是可见的，并且是可以评价的，以此来判断行动是否符合企业的要求和期望
		治理结构上的可退出性与否	组织理事会成员是否吸纳来自所影响企业的高层管理者

（二）环保组织使命与企业环境行为表现的兼容性

我们在上述访谈的内容中发现，环保组织影响企业环境责任建设的行动策略选择处于使命坚守和企业资源依赖所型构的张力情形之中，仅仅是企业资源依赖的视角并不足以充分解释环保组织的策略选择。反而从实践经验来看，环保组织对于组织使命的坚守和重视远超出我们的判断。在文献和理论部分，我们阐述了基于利益相关者管理的企业社会责任建设，使企业开始从追求股东利益最大化转向了考虑"那些影响企业目标的实现或受其实现影响的群体"的责任，并将企业与各种利益相关者之间的关系视为一系列多边契约的集合。在这种关系中，企业通常可以根据其与利益相关者的关系来评价和实践企业的社会责任，并且将一些普遍性的社会责任具体转化为针对特定利益相关者的责任。然而与之不同的是，环保组织对于企业环境责任的指向更具广泛的公共利益属性，而且具有不可妥协性。

在此一前提下，环保组织使命坚守与企业环境行为表现的兼容性是指环保组织使命内容与其试图影响的企业环境行为表现的契合程度。这种契合程度的直接表现结果是环保组织在共识判断的基础上，企业与环保组织之间是否存在合作的可能性。换言之，当环保组织使命与企业环境行为表现之间存在直接的对立冲突时，那么双方之间合作的可能性很小；当环保组织使命与企业环境行为表现之间并不存在对立冲突并且达成共识时，那么双方之间合作的可能性很大。由于环保组织使命具有不可妥协性，那么要判断二者之间的兼容性问题，必须要阐明企业环境表现如何判断。在此，我们融入企业环境战略管理的观点，认为衡量企业环境表现主要取决于企业实际环境行为的结果和企业践行环境责任的态度。

诚如之前理论基础的概述，反应型和前瞻型也构成了当前企业践行环境战略管理类型的两端。[①] 反应型战略指企业被动地遵循法律要求，并没有将环境责任涵盖于企业发展战略之中，只是当环境问题出现的时候，才被动处理。相反，前瞻型战略是指企业基于责任感和价值观的有意识行为，以一种主动性的态度将环境责任纳入企业战略与运营中，提升企业环境绩效和竞争优势。

---

① Yol Lee, Su, and Rhee, Seung-Kyu, "The Change in Corporate Environmental Strategies: a Longitudinal Empirical Study", *Management Decision*, Vol. 45, No. 2, 2007; Brulhart, Franck, et al., "Do Stakeholder Orientation and Environmental Proactivity Impact Firm Profitability?", *Journal of Business Ethics*, Vol. 158, No. 1, 2019.

基于已有研究的启发，我们可以将企业环境行为表现分为两个层面来判断：一是企业实际环境行为的结果表现；二是企业环境行为的态度表现。企业实际环境行为的结果表现是一个综合评价体系，这一点我们借鉴根据 Su 和 Rhee 企业环境实践所涉及的内容，主要是指企业在产品、生产过程、组织和体系、供应链管理和外部关系维护等方面的具体实践；后者指企业在践行对环境保护承诺方面的主动性程度，即表现为前瞻型的积极态度，还是反应型的消极态度。

需要指出的是，在实践中环保组织较难把握企业环境责任的实际态度，因为即使企业在践行环境责任态度上非常积极主动，但是这也可能是迫于社会压力而释放的"烟雾弹"，并没有在具体商业行为实践和经济活动中发生实质性改变。[①] 因此，对于环保组织而言，其对于企业环境行为表现的判断主要依据企业实际环境行为的结果表现。并且环保组织对于这一结果表现的衡量并不在于企业的积极实践，而更关注于其近年内，在环境实践方面是否存在环境违规的行为。例如：企业是否存在产品环境标准不合格的问题、是否生产过程存在超标排放的问题、是否存在环境信息造假的问题，等等。在环保组织看来，对于企业环境行为结果表现判断应遵循最基础底线的原则，即企业环境行为表现是否合法律性。如果企业环境行为出现违规行为，那么在结果判断中具有明确的法律依据，其毋庸置疑将被置于与环保组织使命的对立面。不过，反过来讲，我们并不能认为企业环境行为的结果表现符合法律性的标准，就认为其与环保组织具有合作的可能性，也就是说环境违规必然反映出其与环保组织使命的对立性，双方不具有合作的可能性；但是环境不违规则不能说明其与环保组织

---

① Testa, Francesco, et al., "Internalization of Environmental Practices and Institutional Complexity: Can Stakeholders Pressures Encourage Greenwashing?", *Journal of Business Ethics*, Vol. 147, No. 2, 2015.

可以达成合作，因为企业可能仍然缺少环境管理意识，因此需要兼顾考虑企业的环境行为态度是否有积极主动的意愿，以此形成与环保组织使命的共识意识。如表 3-6 所示，反映了用于衡量兼容与非兼容情形需要考虑的因素。

表 3-6　环保组织使命与企业环境行为表现兼容性与否的衡量标准

分析维度	状态	衡量的标准	
环保组织使命与企业环境行为表现的兼容性	非兼容	企业实际环境行为的结果存在环境违规	涉及产品、生产过程、组织和体系、供应链管理和外部关系维护等方面
	兼容	企业实际环境行为的结果没有环境违规，且企业环境行为态度具有主动性	

（三）不同情形之下环保组织的策略选择

以上，基于理论和实践的考察，我们分析了在环保组织推动企业践行环境责任过程中行动策略选择的两个关键影响因素，即环保组织与企业关系的依赖性、环保组织使命与企业环境行为表现的兼容性。由于这两个要素各自有不同的基本状态，那么将其放在一起进行分析时，将会得出环保组织影响企业环境责任建设行动策略选择时四种不同的情形状态，分别为依赖—兼容状态、依赖—非兼容状态、非依赖—兼容状态和非依赖—非兼容状态（如表 3-7 所示）。

表 3-7　　　环保组织推动企业践行环境责任行动策略选择时的四种情形状态

		环保组织使命与企业环境行为表现的兼容性	
		兼容	非兼容
环保组织与企业关系的依赖性	依赖	依赖—兼容	依赖—非兼容
	非依赖	非依赖—兼容	非依赖—非兼容

但是，从理论上而言，在这四种情形状态中，"依赖—非兼容"状态是相对比较特殊的。因为在这种情形下，环保组织一边与其影响的企业之间具有极强的利益捆绑和资源依赖，环保组织一旦离开此依赖性关系所产生的机会成本要远远大于保有关系产生的成本；与此同时，企业在环境行为表现上又与环保组织的使命相对立冲突，即企业存在环境违规行为。在此情形中，如果环保组织想继续维持这种不可退出的依赖性关系，那么它就必须迁就于企业的环境违规行为，而这可能将以牺牲组织使命为代价，导致组织使命的漂移；而如果环保组织想坚持自己的组织使命，一旦其采取对抗性的举措来向企业施加压力，又不得不损害依赖关系中企业的利益和声誉，这种情形将面临企业的责备或者单方退出的压力，其行动结果只会导致组织自身与企业利益都会有所损失，形成共同"双输"的局面。所以从理论上而言，作为常态化的"依赖—非兼容"情形是不成立的，因为此时要么被企业裹挟，违背了其组织使命；要么面临无法生存发展的困境。作为暂时性的"依赖—非兼容"情形虽然存在，但是环保组织基本上在"依赖—非兼容"的情形中很难采取具有影响力的行动策略，通常会保持妥协、沉默或者退出状态。但是，笔者并不将这种退出策略作为环保组织影响企业环境责任建设的行动策略看待，因为这样的环保组织处于"不作为"状态。在此，笔者认为在环保组织使命不可妥协的前提下，环保组织依然会采取行动，但是行动策略的选择将以一种较为温和委婉的方式进行。最后，我们结合之前行动策略的类型以及环保组织视角中企业环境责任目标指向，分析每种情形状态下环保组织影响企业环境责任建设行动的不同策略选择，如图3－3所示。

如图3－3所示，环保组织在不同情形状态下其采取的影响企业环境责任建设的行动策略，具有不同的行动边界和目标指向。在依赖—兼容情形下，由于环保组织很难从与企业的依赖关系中

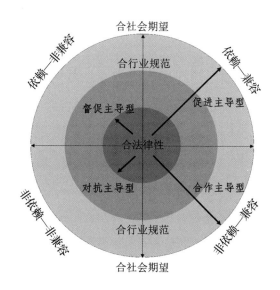

**图 3 – 3　不同情形下环保组织推动企业践行环境
责任建设的策略选择和目标责任指向**

选择退出，企业通常在此关系中处于相对强势的地位；与此同
时，企业并没有发生过环境违规的行为且具有良好的环境治理态
度。环保组织在影响此类企业环境责任建设时，具有较高的期
望，致力于推动企业履行超合规的企业环境责任，其主要选择以
促进型为主导的策略。在依赖—非兼容情形下，由于环保组织离
开与企业关系的机会成本大于保有关系产生的成本，但是企业又
存在环境违规的行为，那么在坚持环保组织使命不可妥协性的前
提下，认为环保组织仍然会采取行动影响企业，只是这种行动更
倾向于委婉的方式，那么其可以采用督促主导型的策略；在非依
赖—兼容的情形中，由于环保组织可以从与企业的关系中随时选
择退出，并且退出之后，组织还可以依旧正常生存与发展；同时
企业以往没有发生过环境违规的行为，在环境管理中具有一定的
主动性，那么环保组织在影响此类企业环境责任建设时，可以选

择合作主导型的策略，致力于推动企业环境责任建设合行业规范和合社会期望。在非依赖—非兼容的情形中，环保组织与企业关系并非依赖关系，也可自主决定是否退出，但是企业存在环境违规的现象，那么环保组织在影响此类企业环境责任建设时，可以采取对抗主导型策略，推动企业环境治理的合法律性。需要说明的是，影响环保组织行动策略选择的情形要素并非一成不变，在情形发生变化的情况下，环保组织影响企业环境责任建设的策略也将随之动态调整，甚至可能在某些过渡情形中存在多种行动策略混合使用的情形。综上，我们可以得出如下命题：

四　主要研究命题

根据以上分析框架和关键变量的解释，本书提出如下的研究命题：

命题1：当环保组织处于依赖—兼容的情形时，其推动企业践行环境责任的行动可以采用促进主导型策略。

命题2：当环保组织处于依赖—非兼容的情形时，在环保组织使命不可妥协的前提下，其推动企业践行环境责任的行动可以采用督促主导型策略。

命题3：当环保组织处于非依赖—兼容的情形时，其推动企业践行环境责任的行动可以采用合作主导型策略。

命题4：当环保组织处于非依赖—非兼容的情形时，其推动企业践行环境责任的行动可以采用对抗主导型策略。

命题5：环保组织推动企业践行环境责任建设的行动策略选择会随着情形的变化而不断动态调整。

第四章

环保组织推动企业践行环境责任的制度背景及发展现状

作为新近的社会现象，环保组织推动企业践行环境责任的实践在现有文献中并没有系统的梳理和总结。为了更好地增进对于本书议题的认识以及为后续研究提供基础。本章一方面主要回应了社会组织推动企业环境责任这一行动现象的发生背景，详细探讨了既定制度环境下对于环保组织参与企业环境责任建设中的有利条件和积极影响。另一方面，详细梳理了环保组织推动企业践行环境责任行动在中国的发展历程、相对优势以及现实中存在的挑战和困难。

第一节　制度背景

环保组织推动企业践行环境责任的行动过程是嵌入于一定的制度背景和情境场域之中的，尤其是国内外环境变化所形塑的政治机会和政治空间，实际上为环保组织影响企业环境责任建设的行动提供了隐设的前提条件和行动可能性。如果忽视了这一必要前提，那么环保社会组织的行动本身将无从谈起，更不必说如何面向市场主体采取策略。固然，现实中环保组织的发展、企业环境失责问题的凸显、政府环境治理的失灵、企业环境管理积极性

的不足等，都为环保组织参与影响企业环境责任建设提供了行动
动因的解释，但是却没有回应这一行动现象何以发生的制度条
件、其行动的有利条件有哪些、这些条件又为环保组织影响企业
环境责任建设提供了哪些积极影响？在本小节中，我们将从中国
社会组织管理政策、环境议题在中央政策中的注意力变化、国家
对于企业社会责任的政策强调、社会组织的可行动空间以及全球
化推动五个方面概述环保组织推动企业践行环境责任行动发生的
缘由。一方面，我们可以通过宏观层面的政策梳理和全球化视角
来反映政治机会的变化。宏观内容分析实际上反映了国家对环保
组织行动的认知和态度，其支持与否的政治风向构成了环保组织
行动的关键条件。不仅对于环保组织推动企业践行环境责任的行
动提供了合法性支持，也为环保组织深度参与环境治理提供了政
治机会。另一方面，我们可以立足中微观层面，分析环保组织影
响企业环境责任建设在现有背景下存在的制度空间。

一 社会组织管理政策从"管制主导"渐趋"管育结合"

中国社会组织的发展起步始于改革开放之后，虽然在此之前
也存在一些社会组织，但是基本上是以人民团体和一些专业性社
团为主，并且在中央高度集权的计划经济体制之下，国家对社会
领域的绝对领导和全面控制使得社会组织的自主行动空间受到极
大约束。而"文化大革命"期间，关于社会团体的相关工作基本
上全部陷于瘫痪。直到1978年以后，伴随农村和城市经济体制改
革的深化以及相应的政府机构改革，中国社会组织和人民团体的
恢复重建工作逐步展开。在1988年和1989年，国务院先后发
布了基金会、外国商会和社会团体管理三部行政法规，初步确
立了中国社会组织管理体制。之后，中国社会组织管理经历了
四十多年的变革创新，国家针对社会组织的管理政策经历了一
个逐渐规范化、常规化而又细致化的过程。总体上而言，中国

社会组织管理政策呈现出了从"管制主导"渐趋"管育结合"的特点。①

如果我们以党的十八大作为时间节点，从 1978—2011 年，中国社会组织管理政策的发展经历了一个曲折探索、逐步完善、体系初创的历史过程。在此期间，国家出于对当时经济改革进程和政治环境的考虑，在"改革、发展和稳定"三种价值的权衡上采取了以稳定作为发展基础的战略选择，对社会组织采取了"管制主导"的政策举措，而国家权力对于社会组织的渗透和监管机制得以确立。② 这一时期国家对于社会组织的管理主要以控制防范与规范化管理为目标，通过综合运用常规化的政策工具（如登记管理、检查监督、评估管理等）和非常规化的政策工具（如清理整顿等）来推进社会组织步入合理有序的发展轨道。特别是 20 世纪 80 年代末，国家对于社会组织管理的立法开始提上日程，在 1988 年和 1989 年相继出台了《基金会管理办法》《外国商会管理暂行规定》和《社会团体登记管理条例》。尤其是《社会团体登记管理条例》正式明确规定了民政部门是社团管理的唯一登记注册机关③，并且在探索社团规范管理中确立了"双重管理、分级负责"的管理原则。进入 20 世纪 90 年代，中国对于社会组织管理政策则是进一步收紧，同时规范化和一些常规化的治理手段进一步完善。1996 年国家出台了《社会团体年度检查暂行办法》，开始对社会团体的日常监督管理进行探索。1998 年民政部社团管理司更名为民间组织管理局，负责社会团体、民办非企业单位、

① 叶托：《新中国成立 70 年来我国社会组织政策的范式变迁及其基本规律》，《北京行政学院学报》2019 年第 5 期。
② 邓正来、丁轶：《监护型控制逻辑下的有效治理——对近三十年国家社团管理政策演变的考察》，《学术界》2012 年第 3 期。
③ 1989 年《条例》中对社会团体的定义主要指在中华人民共和国境内组织的协会、学会、联合会、研究会、基金会、联谊会、促进会、商会等社会团体，其实对于民办非企业单位尚未明确说明。

基金会登记管理工作。并在 1998 年先后出台了新修订的《社会团体登记管理条例》以及《民办非企业单位登记管理暂行条例》，为非社团型民间组织确立了法律框架。相较于 1989 年《社会团体登记管理条例》，新修订的《条例》在政策工具方面进一步完善，在针对社会团体①的登记管理中，确立了"归口登记、双重管理、分级负责、限制竞争、限制层级"的原则。从 2000—2011年，中国社会组织政策进入稳步发展阶段，国家对社会组织管理的政策逐渐精细化、合规化。诸如非常规化的清理整顿举措已经淡出历史舞台，社会组织管理也开始从事前监管转向事中和事后监管。2006 年党的十六届六中全会报告把社会组织纳入了构建社会主义和谐社会的总体布局，正式提出"社会组织"概念，并提出支持社会组织参与社会管理和公共服务的论述。关于社会组织管理的政策越来越偏向于日常管理中的细节，2004 年国家再次修订了《基金会管理条例》，进一步明确双重管理制度，同时开始显现出社会组织扶持发展和监管的动向。之后，国家又相继发布了《基金会年度检查办法》《全国性民间组织评估实施办法》《社会组织评估管理办法》，对于社会组织日常监管的常规化工具包括年度检查、等级评估管理、审计机关审查管理、财务会计管理、所得税征收管理、信息公开制度等。这一系列的常规化政策工具实际上对于引导社会组织的发展起到了重要的指导和规范作用。表 4-1 展示了"管制主导"时期，中央社会组织管理的代表性政策文件及其政策特点。

党的十八大以后，以习近平同志为核心的党中央对社会组织发展给予了高度重视，提出了"加快形成政社分开、权责明确、依法自治的现代社会组织体制"的目标，中国社会组织发展进入新

---

① 1998 年《条例》中对社会团体的定义主要指中国公民自愿组成，为实现会员共同意愿，按照其章程开展活动的非营利性社会组织。

表4-1　"管制主导"时期中央社会组织管理的主要相关政策（1978—2011）

时间段	代表性政策	政策目标	政策工具		管制特点
			常规型	非常规型	
80年代	《社会团体登记暂行办法》(1988) 《外国商会管理暂行规定》(1989) 《社会团体登记管理条例》(1989)	控制防范	◆登记管理（双重管理、分级负责）	清理、整顿、取缔	◆重事前管制 ◆运动式治理
90年代	《关于整顿和清理社会团体请示的通知》(1990) 《社会团体年度检查暂行办法》(1996) 《社会团体登记管理条例》(1998) 《民办非企业单位登记管理暂行条例》(1998) 《中华人民共和国公益事业捐赠法》(1999)		◆登记管理、分级管理 ◆年度检查	清理、整顿、取缔	◆重事前管制 ◆运动式治理 ◆制度化、规范化
2000—2011	《基金会管理条例》(2004) 《民办非企业单位年度检查办法》(2005) 《基金会年度检查办法》(2006) 《全国性民间组织评估实施办法》(2007) 《社会组织评估管理办法》(2010) 《关于培育引导环保社会组织有序发展的指导意见》(2010)	规范化管理	◆登记管理 ◆年度检查 ◆等级评估 ◆财务管理	退出	◆从重事前转向事中、事后管制 ◆稳定化、精细化、合规化 ◆分类管理、初显培育扶持

的历史阶段，从"管制主导"迈向"管育结合"。① 这一时期国家
对于社会组织的管理主要以合规性监管②与支持培育为目标，在运用
常规化政策工具的基础上，开始积极使用能促型的政策工具赋予社会组
织生存和发展的空间，大力推动社会组织的快速发展，充分调动社会组
织参与社会治理的活力与积极性。2016 年，中共中央办公厅、国务院
办公厅印发了《关于改革社会组织管理制度促进社会组织健康有序发
展的意见》，提出到 2020 年，要建立健全统一登记、各司其职、协调配
合、分级负责、依法监管的中国特色社会组织管理体制，进一步明确
了中国社会组织改革发展的方向。2016 年 4 月，民政部民间组织管
理局更名为社会组织管理局。与此同时，新一届中央政府开始深化
政府职能转变，试图"深化简政放权、放管结合、优化服务"来提
升政府的治理能力和治理效能，"放管服"也成为社会组织管理体制
改革的主旋律。③ 一方面，在"放松管制"的政策风向下，中央有效
地运用能促型的政策工具来培育和发展社会组织，这其中包括政府购买
社会组织服务、财政专项资金支持等。自 2013 年开始，中央陆续出台
了《国务院办公厅关于政府向社会力量购买服务的指导意见》《政府购
买服务管理办法》等一系列文件，明确了通过政府购买服务支持社会
组织培育发展的指导思想、基本原则和主要目标，以此促进社会组织健
康有序发展，提升社会组织能力和专业化水平。另一方面，中央不断完
善对于社会组织常规化的政策工具。推进了部分社会组织直接登记制度
改革、建立社会组织党建制度、实施社会组织抽查制度以及建立社会组
织信用管理体系，社会组织管理进一步规范化、合理化。表 4 - 2 展示
了"管育结合"时期，中央社会组织管理的代表性政策文件及其特点。

---

① 叶托：《新中国成立 70 年来我国社会组织政策的范式变迁及其基本规律》，《北京行政
学院学报》2019 年第 5 期。
② 周俊：《走向"合规性监管"——改革开放 40 年来社会组织管理体制发展回顾与展望》，
《行政论坛》2019 年第 4 期。
③ 李健、荣幸：《"放管服"改革背景下社会组织发展的政策工具选择——基于 2004 至
2016 年省级政策文本的量化分析》，《国家行政学院学报》2017 年第 4 期。

表4-2　"管育结合"时期中央社会组织管理的主要相关政策（2012年至今）

代表性政策	政策目标	政策工具		管育特点
		常规型	能促型	
《国务院办公厅关于政府向社会力量购买服务的指导意见》（2013） 《政府购买服务管理办法》（2014） 《关于加强社会组织党的建设工作的意见（试行）》（2015） 《中华人民共和国慈善法》（2016） 《关于改革社会组织管理制度促进社会组织健康有序发展的意见》（2016） 《关于通过政府购买服务支持社会组织培育发展的指导意见》（2016） 《社会组织抽查暂行办法》（2017） 《关于加强对环保社会组织引导发展和规范管理的指导意见》（2017） 《社会组织信用信息管理办法》（2018）	合规性监管 支持培育	◆部分直接登记管理 ◆社会组织党建 ◆抽查检查 ◆信用信息管理 ◆年度检查 ◆等级评估 ◆财务管理	◆政府购买服务 ◆财政税收支持	◆重事中事后管制 ◆放管并重 ◆选择性办类指导，试点先行 ◆多主体参与监管 ◆依法监管 ◆信息化手段

　　总体而言，党的十八大以后，相对"宽容"的政策环境为社会组织的发展提供了积极的支持，而非像过去的十几年一样，整个社会组织面临被压制、高管控的低沉状态。对于社会组织而言，其本身的行为只要不以挑战国家的政治权威为目的，那么现有包容的宏观制度背景至少提供了难得的政治机会。我们以 2017 年由环境保护部和民政部联合发布的《关于加强对环保社会组织引导发展和规范管理的指导意见》为例（见表 4 - 3），专门对政策中涉及环保社会组织"管育结合"的内容进行归纳梳理，也可以借此窥探出环保社会组织在当前参与生态文明建设中的机遇。

表 4 - 3 《关于加强对环保社会组织引导发展和规范管理的指导意见》的"管育结合"的政策内容

政策目标	政策工具		政策文本内容
促进环保社会组织在建设生态文明、推动绿色发展、完善社会公共服务等方面发挥积极作用	常规型政策工具	直接登记管理方面	"环保部门要健全工作程序，完善审查标准，依法依规严格把关，支持符合条件的环保社会组织依法成立。稳妥推进符合条件的环保社会组织直接登记"
		抽查检查方面	"民政部门要通过检查、评估、年度报告、信息公开、执法查处等手段，依法监督环保社会组织负责人、资金、章程履行等情况，严厉查处环保社会组织违法违规行为。鼓励支持新闻媒体、社会公众对环保社会组织进行监督"
	能促型政策工具	购买服务方面	"环保部门、民政部门要加强与同级财政部门的沟通协调，配合财政部门制定和完善政府购买服务指导性目录，将应当由政府举办并适宜环保社会组织承担的环境服务事项纳入指导性目录，同时建立完善政府购买服务的遴选机制、监管机制、激励和约束机制等"
		财政税收支持方面	"强化资金保障，协调同级财政部门将政府购买服务所需经费纳入部门预算予以保障。有条件的地方可申请财政资金支持环保社会组织开展社会公益活动"

二 环境保护议题在中央政策中的关注度大幅提升

除了社会组织管理政策发生了显著的变化，实际上环境保护议题在中央政策中的关注度也不断提升，这实际上反映了环境保护在国家政策议程中的优先级变化。

自 1978 年开始，党的十一届三中全会做出了把工作重点转移到社会主义现代化建设上来，原先重工业优先发展战略逐渐被现代化战略的决策所取代。而环境保护在国民经济发展中的地位也日益受到关注，越来越多地体现在党和国家重要的政策文件之中。[①] 1978 年第五届全国人大会议通过的《宪法》，第一次对环境保护作出了规定，要求"国家保护环境和自然资源，防止污染和其他公害"，《宪法》为中国环境保护的法制化建设奠定了必要基础。次年，《中华人民共和国环境保护法（试行）》颁布实施，中国环境保护工作也开始正式步入了法制轨道，推动了中国环境保护立法工作的全面展开。更值得注意的是，环境保护在国民经济发展中的地位大幅提升。在 1983 年年底召开的第二次全国环境保护会议中，环境保护被确立为基本国策，这极大地增强了全民的环境保护意识，并把环境保护意识升华为国策意识。而自 1982 年国家"六五"规划开始，环境保护则被作为独立章节出现在国民经济和社会发展规划之中，规定了环境保护的主要任务和主要对策，此后环境保护问题在历次五年规划中占据越来越重要的地位。[②]

1992 年，中国开始实行社会主义市场经济体制，中国的经济

---

① 实际上在改革开放以前，中国环境保护事业已经初步进行了一些前期开创性的探索工作。早在 1973 年，中国召开了第一次全国环境保护会议，揭开了环境保护事业的序幕，并确定了环境保护的"32 字方针"，即全面规划、合理布局、综合利用、化害为利、依靠群众、大家动手、保护环境、造福人民。这次会议具有里程碑式的重要意义，为中国环境保护事业的发展指明了方向。1974 年，国务院批准成立了国务院环境保护领导小组，环境保护在中国开始列入各级政府的职能范围。

② 罗金泉、白华英、杨亚妮：《改革开放以来中国环境政策的变革及启示》，《中国科技论坛》2003 年第 2 期。

进入新一轮快速发展时期，与此相伴的资源能源和环境压力日渐
突出，环境问题也成为政府和公众关心的热门话题。这一阶段，
国家对于环境问题的管理引起足够的重视，环境保护被置于与经
济发展并行的可持续发展战略之中；同时，中国提出了科学发展
观，即坚持以人为本，全面、协调、可持续的发展观，要求"牢
固树立人与自然相和谐的观念"。① 这一时期，针对当时发展与环
境保护之间尖锐的矛盾，国家先后制定了《环境与发展十大对
策》《21 世纪议程》《国民经济和社会发展"九五"计划和2010
年远景目标纲要》《关于落实科学发展观加强环境保护的决定》
等文件，将可持续发展战略作为环境治理中一条重要的指导方针
和战略目标。与此同时，环境立法进程加快，中国环境法律和法
规建设不断调整和加强，该阶段制定了《固体废物污染环境防治
法》《环境影响评价法》《清洁生产促进法》《节约能源法》《循
环经济促进法》等多部环境法律，并对《水污染防治法》《规划
环境影响评价条例》《大气污染防治法》等法律进行了修订，这
一时期环境管理的制度体系以及配套的法规、规章得到进一步
完善。

党的十八大以来，党和国家高度重视环境保护问题，将生态
文明建设放到了前所未有的高度，党中央把生态环境问题当作关
系党的使命宗旨的重大政治问题来抓，并将生态文明建设作为统
筹推进"五位一体"总体布局和协调推进"四个全面"战略布局
的重要举措，努力建设美丽中国，实现中华民族永续发展。2014
年十二届全国人大常委会第八次会议修订了《中华人民共和国环
境保护法》，新修订的《环保法》被称为"史上最严环保法"，对
于环境违法行为的处罚力度不断加大。2015 年中共中央、国务院
联合出台了《关于加快推进生态文明建设的意见》和《生态文明

---

① 郑石明、彭芮、高灿玉：《中国环境政策变迁逻辑与展望——基于共词与聚类分析》，
《吉首大学学报》（社会科学版）2019 年第 2 期。

体制改革总体方案》，这两份纲领性的文件系统阐述了中国生态文明建设的总体要求、基本原则和主要目标，为中国未来一段时间内的生态文明工作指明了方向。2018 年，生态文明被写入国家根本法《宪法》之中，这也反映了党和国家对生态环境问题的高度重视。此外，该阶段针对环境污染中较为突出的大气、水、土壤等问题，相继出台了一系列规范性文件，如《大气污染防治行动计划》《水污染防治法》《土壤污染物排放许可制实施方案》《生态环境损害赔偿制度改革》等法律法规。2020 年 3 月，中共中央办公厅、国务院办公厅又印发了《关于构建现代环境治理体系的指导意见》，提出构建党委领导、政府主导、企业主体、社会组织和公众共同参与的现代环境治理体系目标，为中国推动生态环境根本好转提供了有力的制度保障。

中央政府持续不断地提高环境政策的优先级实际上为环保组织参与环境治理以及进一步影响企业环境责任建设提供了重要的政治信号。一方面，国家开始积极引导环保社会组织参与环境治理，致力于构建多元共治的环境治理局面，并且相关指导意见中明确指出了环保社会组织可以进一步深化的行动领域和范畴，鼓励环保组织能够积极参与到企业环境质量监测中来，督促企业环境治理。如果说以前环保组织的行动必须要时时刻刻谨小慎微，以防触及挑战国家政治权威的"红线"，那么当下宏观的政策基础则为环保组织影响企业环境建设的行动提供了实质性的组织外部行动合法性。这种合法性恰恰为环保组织影响企业环境治理提供了解释框架和符号资本，环保组织可以通过对于国家政策话语的运用来增强其行动的合法性和正当性，促进其对于保护生态环境公共利益诉求的合理性辩护。另一方面，在"依法而行动"的环境中，宏观政策环境使环保 NGO 面向企业的环境责任监督得到制度上的认可，其行动也受到法律认可和法律保护，这为环保组织合法地参与环境治理提供了保障。

三　政府对于企业环境责任的重视程度不断加深

从实践过程而言，中国对于企业社会责任问题的关注始于 20 世纪 90 年代，伴随着国外对企业社会责任在学术上的关注，逐渐进入实践者的视野。改革开放后，由于经济发展是第一要务，这一时期经济责任构成了企业社会责任的核心内容。如国有企业被赋予控制国家经济命脉，稳定社会的责任；民营经济影响力也持续增强，但是仍然将追逐利润作为企业社会责任的核心要义，总体上社会责任结构失衡严重。甚至于，一些地方政府处于地方保护主义，纵容企业不负社会责任的行为。可以说，当时并没有专门关于涉及企业社会责任的法律法规和政策文件，一些可能涉及企业社会责任的事项也只能在中国各领域法律体系的基础性内容中显现出来。进入 21 世纪以来，中国政府以及企业对于社会责任的认识有了很大转变。特别是在"构建和谐社会"的宏伟蓝图下，党的十六届六中全会报告中第一次明确提出支持企业社会责任建设和推动可持续发展的内容。希望试图扭转以往偏重于物质增长、经济效益至上的传统发展观，实现经济发展与保护资源、保护生态环境的协调一致，可持续发展观成为企业环境责任的重要组成部分。自此之后，国家对于企业社会责任的重视程度不断加深，并且在很多行动方案上取得了一定的成果。

第一，从国家层面社会责任立法而言，企业所涉及的环境责任、劳工权益、消费者权益、商业责任、社区责任等内容，都融入各领域的综合性立法文件中。如《公司法》《物权法》《反垄断法》《安全生产法》《环境保护法》《产品质量法》等，对于各自领域所涉及的企业社会责任和企业行为进行了全面界定，其中《公司法》更是确立中国企业经营活动中发展综合性社会责任的基本法律框架。第二，从部委层面政策文件而言，中央各部委出台了一系列促进企业社会责任的指导意见。如 2008 年，国务院国资委发布《关于中央企业履行社会责任的指导意见》，对中国国有企业履行社会责任规划了总体目标，并突出强调了央企在应对气候变化、治理贫困中的责任，要求央企加强资源节约和环境保护。之后，国务院国资委再次制定中央企业社会责任工作纲要，要求推动绿色央企建设，在推进节能减排、发展循环经济、保护生态环境方面积极作为。此外，商务部、中国银监会、工业和信息化部、国家质量监督检验检疫总局、国家标准化管理委员会等在各自业务领域都发布了相应行业社会责任指引手册和管理指南，如中国人民银行联合多个部委发布构建绿色金融的文件，推进绿色信贷、绿色债券方面的工作。第三，从地方政府推动企业社会责任发展而言，各地方政府为了响应党和国家的政策号召，也陆续出台了许多相应企业社会责任的文件，其中有许多涉及绿色金融、绿色企业责任方面的内容。如北京市、上海市、浙江省、广东省都是在推动企业社会责任方面探索较早的省份，浙江省更是确立自上而下三级社会责任政策体系。

总体而言，目前中国无论是国有企业、民营企业还是外资企业，都加快了投身社会责任实践的步伐。政府对于企业社会责任的认识从经济责任扩展到全面责任，尤其是正加速推进涉及环境、慈善、社区等方面的责任，并且通过制定相关的指导方针，借助经济手段、直接的能力建设来激励企业社会责任深入发展。而这些宏观的政策支持除了提供环保组织影响企业环境责任建设的行动合理性之外，还可以进一步深入与政府、企业的跨界合作与共同行动之中。

四　"碎片化"治理结构中环保组织行动空间得以延展

以往对于中国社会组织行动的研究，通常处于国家主导性的视角，认为社会组织的发育、成长无时无刻不处于国家的建构与控制之中，在宏微观层面上都会受到诸多治理体制的约束和束

缚，这进一步限制了环保组织推动企业践行环境责任行动的可能
性。然而，近些年一些研究试图跳出将国家视为单一整体的视
角，转向社会组织领域政府复杂的府际关系和治理网络，关注多
种制度逻辑交织下社会组织自主性的空间结构。由于在现实中政
府并不是一个统一的完整实体，不同政府部门之间以及不同政府
层级之间是相互分割的，呈现出一种"碎片化结构"。[1] 当环保组
织影响企业环境责任建设时，这种层级之间、部门之间的利益取
向和管理方式上的分化实际上为社会组织本身的发展提供了难得
的生存机会和行动空隙，更为环保组织在针对企业环境治理中的
策略性借力提供了有利条件。[2] 特别是当我们聚焦于当前社会组
织和环境治理领域的治理结构特征时，一个有趣的发现是，环
保组织原本制度性约束的因素在这个领域治理结构的交织中出
现了"约束消解式"的特点，反倒促进了社会组织与政府、企
业互动博弈的有利条件，延展了其行动空间的选择范围（如表
4-4所示）。

表4-4 社会组织管理和环境治理领域纵横向治理结构的特点

	社会组织管理领域	环境治理领域	有利条件
纵向治理结构	分级管理	省以下垂直管理	跨层级借力
横向治理结构	双重管理	多头分割	新制度关联

① Mertha, Andrew, "Fragmented Authoritarianism 2.0: Political Pluralization in the Chinese Policy Process", *The China Quarterly*, Vol. 200, No. 1, 2009.
② 纪莺莺：《当代中国行业协会商会的政策影响力：制度环境与层级分化》，《南京社会科学》2015年第9期；徐盈艳、黎熙元：《浮动控制与分层嵌入——服务外包下的政社关系调整机制分析》，《社会学研究》2018年第2期。

　　从纵向治理结构来看，在社会组织管理体制①的纵向治理结构主要是"分级管理"的特点，即在"分级管理"中社会组织只能在所在层级的地方行政区划范围内活动，社会组织不得设立其他地域性分支机构。这种"分级管理"意味着从中央到地方形成了社会组织领域中多层级的政府治理结构。虽然中央政府可以就社会组织总体性发展制定规划和政策，但是在实际政策执行过程中，地方政府却对于社会组织的管理及其活动范围存在较大的主导权和约束力。反观，在环境治理领域中的纵向结构为省以下环保部门垂直管理②，也就是说很多环境监察、监察和执法的任务开始转移到"条"上来进行统筹管理，图 4 - 1 呈现了 2016 年省以下环保垂改改革前后地方政府环境治理结构变化。"省以下环保垂改"实质是从原先的"以块为主"转向"以条为主"，强化省级环保部门对下级对口环保部门的直接领导关系，其具体人财物事的管理权力直接由省级环保部门统筹负责，地方政府部门管理职能受到了限权。这样不仅使得环保执法的刚性约束力增强，而且增加了地方政府对于环境保护的重视程度。那么，这意味环

---

　　①　依据 1998 年《社会团体登记管理条例》和《民办非企业单位登记管理暂行条例》中对于社会组织管理原则的规定，社会组织管理主要遵循"归口登记、双重管理、分级负责、限制竞争、限制层级"的原则。其中"归口登记"是指除法律、法规规定免于登记外，所有社会团体、民办非企业单位、基金会都必须在县级以上各级民政部门统一登记；"双重管理"是指社会团体必须接受登记管理机关和业务主管单位的双重约束；"限制竞争"是指在同一行政区域内已有业务范围相同或者相似的社会团体，没有必要成立，即所谓的"一地一业一会"；"限制层级"是指社会团体的分支机构不得再设立分支机构。社会团体不得设立地域性的分支机构。在此，对于社会组织管理体制的分析重点关注"双重管理"和"分级负责"的纵横向特征。

　　②　"省以下环保部门垂直管理"始于 2016 年发布的《关于省以下环保机构监测监察执法垂直管理制度改革试点工作的指导意见》。这项改革也是对以往中国多年环境管理体制"属地化管理"困境的突破和探索，从原先的"以块为主"转向"以条为主"，强化省级环保部门对下级对口环保部门的直接领导关系，其具体人财物事的管理权力直接由省级环保部门统筹负责，地方政府部门管理职能受到了限权。这样不仅使得环保执法的刚性约束力增强，而且增加了地方政府对于环境保护的重视程度。可参见张国磊、张新文《垂直管理体制下地方政府与环保部门的权责对称取向》，《北京理工大学学报》（社会科学版）2018 年第 3 期。

保组织在影响企业环境责任和治理的一些活动时，可能会有"跨层级"的突破，从纵向层级上向政府反映其监管企业环境治理的信息，上下浮动地、有策略性地借力。

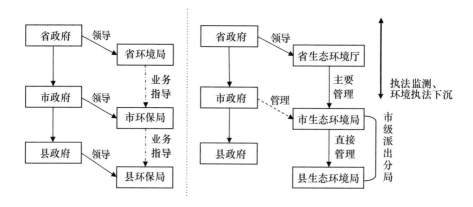

图 4-1 2016 年省以下环保垂改改革前后地方政府环境治理结构变化

从横向治理结构来看，社会组织管理领域主要表现为"双重管理"的体制结构，即由民政部门和业务主管单位共同负责社会组织的日常管理和监管工作；在环境治理领域横向结构则是表现为"多头分割"。虽然党的十八大以来，党和国家对于环境议题的关注度大幅提升，并且不断强化环保部门与其他部门之间的协作，以期形成环保部门统一监管、相关职能部门各司其职的协同治理工作格局。特别是 2018 年中共中央印发了《深化党和国家机构改革方案》，为整合生态环境保护职责多头分散的情况，对多个涉及其他相关环境治理的职能部门进行了合并。但是实际上生态文明建设涵盖领域、范围、行业都十分广泛，部分职能部门仍然会或多或少嵌入环境治理的权力结构体系之中。如在发改部门、自然资源部门、国家林业和草原部门、交通运输部门、市场监管部门等政府职能部门中都有关涉环境治理的相关工作要求。这样的结构交织极大地拓展了环保组织寻求业务主管单位的选择范围，并且在"多头分割"的环境管理体制中，环保组织可以在碎片化治理体系中寻找多头可以链接的业务主管单位，尝试与其建立联系沟通，从而避免单一业务主管部门对自身的约束，在利用碎片化结构中获得自主性。① 与此同时，环境治理领域分化的横向治理结构，有利于环保组织在影响企业环境责任行为时链接多方资源，策略性地借力，通过借助政府力量来推动企业环境责任治理。

五　全球企业社会责任运动的大力助推

随着 20 世纪 80 年代以来，企业社会责任在一些西方发达国家的提出，并作为一种普遍接受的社会理念在全球范围内发展起来，企业社会责任呈现明显的国际化发展趋势，越来越多的国家、企业加入企业社会责任运动中来。

中国的企业社会责任建设发展较晚，不过随着中国对外开放程度的加深，特别是加入 WTO 之后，国内社会与国际社会的衔接更为紧密，这使得中国在融入全球经济发展的同时，不可避免地受到国际社会准则的影响。例如，自 20 世纪 90 年代末，跨国公司为了降低生产成本，开始在全球范围内寻找自己的代工厂或者建立子公司，一些企业社会责任的理想也逐渐向发展中国家渗透和传递，许多跨国公司在选择供应商时，不仅看重企业本身的资质和能力，而且对于社会责任的"软要求"同样被纳入考核机制，要求企业尊重人权、遵守劳工标准，保护自然环境等。但是这种由跨国公司自己制定的生产责任要求在传向发展中国家时，各国企业也无法进行有效的执行。于是一些国际劳工组织、环保社会组织等开始介入全球企业社会责任建设之中，掀起了全球企业社会责任浪潮，它们倡导要加强对于企业商业活动的外部约束

---

① 李朔严：《新制度关联、组织控制与社会组织的倡导行为》，《中国非营利评论》2018 年第 2 期。

和社会规制，增强企业的社会责任意识。① 此外，1995 年时任联合国秘书长科菲·安南发起了"全球契约"的设想，该计划对于全球企业社会责任同样产生了深远的积极影响。他希望全世界的企业家们能够在遵守共同价值的基础之上，建立一套为国际社会所公认的社会准则，增强企业在遵守人权、环境、反贪污等方面的责任意识。② 如今，该计划也成为世界各企业、国际社会组织以及其他相关方之间的战略合作框架。一方面，不论是发达国家，还是发展中国家的政府和社会组织都大力支持，加强了企业在社会责任方面的认证与监督；另一方面，一大批跨国公司也开始主动参与其中，积极践行计划中的基本原则和相关协议内容，争创全球企业模范表率。除此之外，在社会责任运动以及全球经济一体化的推进下，企业社会责任在国际贸易中的重要性越发凸显。中国自加入世界贸易组织之后，对外贸易获得迅猛的发展，但是由于中国企业生产的产品环境标准与其他发达国家仍存有较远差距，绿色壁垒逐渐成为中国企业和产品走出去的主要障碍。如果中国在环境保护方面不能和目前进行的关于环保问题的各级谈判相配合，比如和美国欧洲的投资协定谈判，其中有很多环保标准和环保政策的重要谈判内容。中国的出口市场将面临缩小的可能，对对外贸易造成十分不利的影响。因此，在经济全球化以及国家企业社会准则的要求下，中国企业的绿色转型发展迫在眉睫，如果不能较好地适应当前国际上对于环保问题、环境标准的新要求，将面临被淘汰的风险。③

可以说，在全球企业社会责任运动和经济全球化的影响下，环保组织参与影响企业环境责任建设的行动获得了难得的外部机

---

① 常凯：《经济全球化与企业社会责任运动》，《工会理论与实践》2003 年第 4 期。
② 刘伟、满彩霞：《企业社会责任：一个亟待公共管理研究关注的领域》，《中国行政管理》2019 年第 11 期。
③ 刘学敏、张生玲：《中国企业绿色转型：目标模式、面临障碍与对策》，《中国人口·资源与环境》2015 年第 6 期。

遇。这种机遇既为社会组织行动提供了来自国际社会的支持与认可，也为中国的环保社会组织走出国门，传达新时代中国企业环境责任建设的努力发出了声音。

第二节　发展历程

在当前的国内文献中，并没有直接相关的文献对于环保组织推动企业践行环境责任的议题进行梳理和总结。然而，作为一个逐渐显现的社会现象，环保组织推动企业践行环境责任的行动具有一定的历史路径依赖。在此，我们将依据环保组织的兴起历程以及国家对于环境治理、企业社会责任的政策关注度，将环保组织推动企业践行环境责任的行动划分为三个阶段，分别为萌芽起步期（1978—2002 年）、缓慢发展期（2003—2011 年）和深化拓展期（2012 年至今）。我们将详细阐述不同阶段中环保组织影响企业环境责任建设的行动特点和行动内容，从而更为具体了解议题的演进脉络。

一　萌芽起步期

在萌芽起步期，环保组织的行动对象主要以政府和公众为主，企业处于相对忽略的位置，在行动内容上只是间接涉及企业环境责任建设的相关内容。20 世纪 90 年代以前，中国的环保组织主要是政府自上而下创建的官办 NGO，它们以服务于政府为宗旨，将满足政府的各种需求作为前提和中心工作。与此相对应，政府也为这些官办环保组织提供了较多的物力、财力方面的资源支持。因此，这类官办环保组织具有较浓的官方色彩，在承担政府的对外交往、政府职能的延伸、人事安排等方面起着关键作用。不过，它们在中国环境保护发展的起步期曾从事过大量关于中国环境和资源现状的调研与研究工作，其中一些研究初步涉及企业生产行为和资源管理的问题。20 世纪 90 年代之后，中国自下而上的民间环保组织开始迅速发展，这些组织的活动非常重视面向公众工作。然而，囿于当时国家对于社会组织整体的严格管控以及经济主导性的发展战略，环保组织的活动空间相对受限，主要以开展环境教育与宣传、保护野生动植物、社区垃圾分类等问题为主，但是其活动领域中已经开始涉及一些商业计划或者企业行为影响生态环境的内容。例如，在 1995 年，云南迪庆藏族自治州德钦县拟对境内原始森林进行商业性采伐，这种商业行为将严重危及约二百只国家一级保护动物滇金丝猴。自然之友便发起了保护云南德钦金丝猴的行动，把相关情况及时向国务院反映，并通过媒体渠道对当时滇金丝猴的生存困境进行广泛报道。[①] 2002 年，在青藏铁路建设过程中，为了避免铁路施工对于野生动物种群栖息和繁殖的影响，"绿色江河"以数据和事实为依据，向青藏铁路施工单位递交了《关于保证藏羚羊顺利迁徙急需采取相应措施的建议书》，敦请施工单位设置了专门为藏羚羊迁徙让道的红绿灯。[②] 此外，伴随环境问题的加剧，一些环保组织开始专注于企业环境污染受害者的保护，如 1999 年 11 月 1 日，中国政法大学污染受害者法律帮助中心开通污染受害者法律咨询热线，无偿为污染受害者提供法律服务。总体而言，该阶段环保组织参与环境治理主要以环境调研、科学研究、提升公众环保意识为主，而企业也只是环保组织活动领域中间接涉及的对象。大多数情形下，环保组织以试图影响政府和公众行为目标，以期借助政府的力量来做好一些环境保护工作。因此，实际上此阶段环保组织的行动也并非是从企业环境责任的视角来反思企业的生产污染行为，但是它们为之后环保组织关注于企业环境问题提供了行动基础和发

[①] 顾爽、代滢、孙忠杰编著：《绿色档案：当代中国著名的民间环保组织》，世界图书出版公司 2010 年版，第 16 页。

[②] 中华环保联合会：《中国环保民间组织发展状况报告》，《环境保护》2006 年第 10 期。

展空间。

二　缓慢发展期

在缓慢发展期，社会组织推动企业践行环境责任的行动开始显现，企业成为环保组织行动的主要目标之一。2003 年以后，正值新一届国家领导人换届选举，以胡锦涛为总书记的中央领导集体提出了"科学发展观"的战略思想，环境问题成为政府和公众关心的热门话题。加之，如上制度背景所述，2005 年党的十六届六中全会中"和谐社会"理念的提出，国家对于推动企业社会责任发展的问题第一次被明确提出。环保组织直接影响企业环境责任建设的行动逐渐增多，例如 2004 年，中国"绿色和平"组织对金光集团在云南省大肆砍伐现有天然林来营造其造纸纸浆原料速生林问题进行了调查，公布了《金光集团 APP 云南圈地毁林事件调查报告》，认为其砍伐行为严重破坏了当地的生态环境和生态平衡。而这一行为被浙江省饭店协会知悉后，协会向全省饭店发出呼吁，希望共同抵制金光集团 APP 纸产品及其附属产品。[①]2005 年，中国政法大学污染受害者法律帮助中心协助参与到"福建省屏南县 1721 位农民诉福建省（屏南）榕屏化工有限公司环境污染侵权案"中，最终案件胜诉，中心帮助当地居民挽回经济损失 68 万余元，而此案被评为 2005 中国十大影响性诉讼之一。除了一些民间环保组织的行动之外，在农业、纺织、石油化工、煤炭等各行各业出现了许多行业类环保组织，如中国石油和化学工业联合会、中国煤炭工业协会、中国国家纺织品和服装理事会等。甚至不同行业之间出现了大量的产业联盟和环保协会组织，如中国企业联合会、中国工业协会、中国环境保护产业协会、中国循环经济协会等。这些行业协会或者产业联盟组织在推进中国

---

① 《APP 如何解开环保的结　消费者希望 APP 负责任》，《中国经济导报》，2005 年 1 月，（http：//www. paper. com. cn/news/daynews/05012401. htm）。

企业可持续发展、企业环境责任建设以及公共政策倡导中发挥了显著作用。实际上,在欧美国家一些重要的行业质量标准都是在行业组织的影响下得以确立,并且在全球范围内产生重要影响。如 SA8000 标准是由美国社会责任国际机构创建的全球首个道德规范国际标准,该标准在各个国家、各个领域和各个行业都产生了巨大的影响。这本是一个由第三方认证机构所制定的用于审核认证企业社会责任规范的标准体系,可如今已经成为国际范围内工商界达成的行为准则,企业如果想在国际上有立足之地,就必须要重视形成与标准要求相适应的配套产品、劳工权益和道德责任。中国行业协会也在此阶段不仅推动国内企业对于国际标准的认证工作,而且形成了一些本土特色的行业规范。例如中国环境保护协会秉持着保护生态环境、推动绿色发展、改善环境质量、坚持为企业服务、为行业服务、为政府服务的原则,在推动行业自律规范、建立企业环境信用评价机制、开展环保先进技术服务等方面发挥了重要作用,承担了诸多行业内相关标准、规范的研究工作。

三　深化拓展期

在深化拓展期,社会组织推动企业践行环境责任的行动范围和深度不断扩展,环保组织与企业之间的合作行为逐渐增多。党的十八大以来,国家对于推动社会组织发展以及企业社会责任建设持更加积极的态度,而生态环境问题更是被置于新的历史高度。在此阶段,社会组织影响企业环境责任建设的行动迎来了前所未有的契机和机遇,其行动内容更加丰富,行动形式更加多样(附录专门对国内社会组织推动企业践行环境责任行动的代表性组织和项目进行了总结)。如自然之友多年来致力于运用环境公益诉讼、参与立法和政策制定等法律手段来推动企业环境问题的解决,促进环境法治的进步。由其发起的中国第一起由民间环保组织提起的环境民事公益诉讼案——曲靖铬渣污染案，历时近十年诉讼，终于于 2020 年 8 月结案，原被告双方在法院组织下签署了调解协议。被告云南省陆良化工实业有限公司最终承担环境侵权责任，承诺在已完成的场地污染治理基础上继续消除危险、恢复生态功能、进行功能性补偿恢复。公众环境研究中心以推动政府和企业环境信息公开为核心工作，试图借助环境信息公开来撬动大批企业实现环保转型，完善环境治理。其所开发的中国环境公益数据"中国水污染地图"以及 APP"蔚蓝地图"汇总了大量企业环境监管记录、企业在线监测数据、企业反馈及整改信息，已经被作为政府开展绿色采购和绿色金融的重要工具。此外，在推动企业践行环境责任的过程中，组织之间的联盟合作逐渐增多。一些同环保领域的社会组织不断加强组织联盟来影响企业环境责任建设。如"中国净塑行动网络"是 2019 年 6 月摆脱束缚与上海仁渡海洋公益发展中心等十四家行业协会和民间组织共同发起的联盟网络，旨在通过开展面向企业、公众与政策的倡导，推动企业、公众与政府共同采取环境友好的塑料生产、使用、回收与处置方式，使生活和环境免受塑料污染的危害。另外，在一些全球倡议的框架下，国内的一些环保社会组织与国际组织进行合作，推出了本行业的责任关怀规范。如中国石油和化学工业联合会和国际化学品制造商协会联合推广"责任关怀全球宪章"在中国的应用。2014 年中国石油和化学工业联合会重新修订了《责任关怀全球宪章》，并在 2015 年 9 月《责任关怀全球宪章》的签约仪式上，率先推动全国主要化工园区在内的 300 多家中国化工企业，公开承诺践行责任关怀。①

---

① 潘翻番、徐建华、薛澜：《自愿型环境规制：研究进展及未来展望》，《中国人口·资源与环境》2020 年第 1 期。

第三节 相对优势

一般而言，推动企业环境责任建设的三种作用路径包括政府规制的路径、社会参与的路径和企业自主管理的路径。环保组织影响企业环境责任建设是社会参与的一种重要形式，特别是环保组织以其特有的公益性、社会性、独立性、志愿性、非营利性等特点，在参与企业环境责任建设、提供环境公益服务方面，形成了相对于其他两种路径特定的功能优势。

一 相对于政府规制路径的优势

政府环境规制的路径实质上是为了纠正企业环境污染的负外部性影响以及加强环境污染的治理，政府通过运用直接或间接的环境规制手段来对微观市场经济活动加以约束和干预，从而促使生产者和消费者在做出决策时将外部成本内部化，以达到提升环境绩效，促进环境、经济与社会可持续发展的目标。从全球治理经验来看，一个强有力而负责的政府恰恰是保障环境治理有效性的基础性条件，政府严格的环境管制依然是企业环境改善的首要驱动力。[①] 然而，环境规制面临的突出问题是环境法规与环境执行之间存在巨大差距。多项研究也表明，中国严重的环境污染问题不仅是经济增长造成的，而且很大程度上是由于地方政策执行不足造成的。[②] 特别是政府科层体系存在严重的监管信息不充分、回应能力较弱、管理效率低下等问题，导致环境规制路径存在政府失灵的现象。而环保组织影响企业环境责任建设的行动，与政

---

① Greenstone, Michael, and Hanna, Rema, "Environmental Regulations, Air and Water Pollution, and Infant Mortality in India", *The American Economic Review*, Vol. 104, No. 10, 2014.

② 冉冉：《中国环境政治中的政策框架特征与执行偏差》，《教学与研究》2014 年第 5 期。

府规制形成了强互补。

环保组织作为企业环境责任建设中的第三方介入主体，相对于政府规制而言，其主要优势表现在：一方面是信息化优势，即通过对企业环境责任的外部监督，协助政府推进环境政策执行，同时减少环境问题在污染者与受害者之间的信息不对称。信息不对称是发生在现实生活中市场交易普遍存在的现象。特别是在市场经济条件下，实践中交易者之间的信息分布是不对称的，往往交易中的一方比另一方占有更多的相关信息，其中一方则处于信息的优势地位，另一方则处于相对的劣势地位。在环境问题中，企业是环境污染的排放者和制造者，其对于自身环境信息状况较为了解，因此作为信息的垄断方，企业很可能有时为了追逐自身利益的最大化而刻意隐瞒自己的环境信息，从而导致政府监管信息不足，无法及时有效地规制污染主体。而环保组织的介入，恰恰能够弥补政府监管信息的不足，通过及时披露各类环境信息，扩大公开范围，推进政策执法落地。如上海市环保公益组织"上海青悦"用大数据紧盯环境失责和违规企业，它们从全国范围内的1.3万家企业中，锁定了1000多家因违反环境保护法律法规而不能享受相关税收优惠政策却有违规退税的嫌疑企业，协助各地政府追税达百万元。此外，我们经常会发现环境问题污染者与受害者之间信息不对称的情形，在面对企业环境污染时，环保组织在帮助受害者了解和掌握污染者实际的污染取证、权利维护方面具有显著优势。另一方面是组织化优势，即通过动员公众参与，提升与企业和相关部门的沟通对话能力，实现对影响企业环境建设的有效参与。就当前个体化的公众参与企业环境责任建设以及政策参与而言，个体的分散性参与是无效的，甚至缺乏足够的影响力。尤其是，中国长期主导的以 GDP 为核心的官员考核评估晋升体系以及中央与地方财政分权的关系，地方政府可能会为了经济发展而被企业所俘获，或者形成亲密政商关联。[①] 这使得单一公众在与政府或者企业的沟通对话中通常处于劣势地位。而环保组织具有民间性、社会性的特点，与广大群众保持着紧密联系，它可以通过基于信任、规范、关系等社会资本，将特定群众组织起来参与到有关企业环境责任建设或者企业环境政策制定与执行中，降低其行动的交易成本；与此同时，对于政府环境职责履行和企业环境责任建设构成了一个外部稳定的制衡体系。

二 相对于企业管理路径的优势

企业管理路径实际上是给予企业环境治理上较大的自由裁量权，在政府干预相对较小或者没有干预的情况下，市场经济主体可以根据自身实际情况，自行选择提升环境治理绩效的措施和方法，从而主动地履行企业环境责任。战略管理学家波特曾提出过著名的"波特假设"，认为在激烈的市场竞争中，企业产品的环境属性以及履行环境责任的情况将成为企业竞争优势的影响因素，在污染治理中处于领先地位的企业有可能获得"先动优势"或"创新补偿"。[②] 尽管如此，当下很多中国企业仍然在市场经济利润场内寻求自己的竞争优势，忽视了将遵守承担相应的社会责任作为企业竞争优势的发展路径。而且企业自主管理路径对于经济发展的水平、行业环境、企业能力都有一定的要求。如果当市场中企业不合规行为较为普遍时，那么企业自主管理反而会带来企业在环境责任建设中投入成本的增加。

---

① 周黎安：《中国地方官员的晋升锦标赛模式研究》，《经济研究》2007 年第 7 期；Zheng, Siqi, et al., "Incentives for China's Urban Mayors to Mitigate Pollution Externalities: The Role of the Central Government and Public Environmentalism", *Regional Science and Urban Economics*, Vol. 47, 2014.

② Michael E. Porter, "America's Green Strategy", *Scientific American*, Vol. 264, No. 4, 1991；王爱兰：《论政府环境规制与企业竞争力的提升——基于"波特假设"理论验证的影响因素分析》，《天津大学学报》（社会科学版）2008 年第 5 期。

相对于企业主动性和自觉性的不足，社会组织推动企业践行环境责任的主要优势表现在：第一，社会组织提供了企业环境责任建设的外部合法性规范，降低了企业内部和外部管理的交易成本。一方面，企业的发展越来越受到外部制度环境的约束，近些年除了来自政府环境规制和监管压力的增强，一些全球性组织或者行业协会会主动制定本行业内的环境标准指南和规范，从而对于推动企业环境创新形成强有力的外在压力。例如国际标准化组织（ISO）是目前世界上最大的国际标准化机构，自成立以来，ISO 已经发布了多项企业社会责任指南，并且这些指南在全球范围内产生了深远影响，其主要任务是：推动各国有关标准化问题的讨论；展开有关标准技术和科研方面的沟通交流；处理一些跨国行为体之间的标准化冲突；研究制定和发布一些国际性标准规则等。如 ISO14001 环境管理认证体系是一个专门针对企业内部环境管理制定的一套准则体系，用于企业环境管理的自我审查和行业的自我监督。此外，国际上的著名的化工行业"责任关怀"体系、"企业可持续发展宪章"，这些都是由特定行业企业自发成立的行业协会或者产业组织所发起的项目，其对于行业内企业的环境责任履行形成了巨大的规范性压力，产生了显著的影响。许多企业为了提升自己的市场竞争力或者扩展市场份额，其不得不受到来自更多社会的期望束缚。如今这些行业标准已然成为企业社会责任战略制定中必须考量的"强制性"元素。除此之外，许多企业在寻求战略联盟的伙伴或者合作企业时，环保组织所提倡的一些行业标准也成为企业战略伙伴筛选和管理的考量因素。第二，环保组织的介入促进了跨部门之间的知识转移，提升了社企之间在环境责任建设方面的学习交流。[①] 毫无疑问，企业对于自

---

① Dennis A. Rondinelli and Ted London, "How Corporate and Environmental Groups Cooperate: Assessing Cross-sector Alliances and Collaborations", *Academy of Management Executive*, Vol. 17, No. 1, 2003.

身环境责任建设的思考与环保组织对于企业环境责任的思考存在差异性，但是这种差异并不一定是冲突性，而是可以相互借鉴、相互学习。特别是环保组织具有较强的公共情怀和公益使命，其自身的组织结构、组织文化有助于拓宽企业管理者、企业员工关于生态环境治理的视野，这对于改善现有企业文化和企业环境战略起到重要作用。第三，环保组织的介入实现了在企业环境治理方面的价值共创和社会影响力提升。环保组织参与到企业环境责任建设的过程实际上是一个风险与机遇并存的过程，但是如果企业致力于按照符合社会期望的要求提升在环境绩效的表现，尊重和吸纳社会组织的建议，将有利于提高企业整体的社会声誉和财务价值，并且可以展现出较佳的企业公民身份和市场竞争力。如在某一行业中，那些与社会组织达成合作，自觉加强环境责任建设的企业更有可能获得良好的组织声誉和消费者青睐，而且来自社会组织的知识分享可以激发企业的环保技术创新。

第四节　现实挑战

上述内容主要对环保组织推动企业环境责任行动的历史脉络及其相对优势进行了梳理和总结。可以看出，经过长期的发展，环保组织对于企业环境责任建设的活跃度和影响力在逐渐提升。但是从现实来看，环保组织参与企业环境责任建设的行动尚未到一个成熟阶段，其行动中依然面临诸多的挑战和困难。因此，我们不得不去反思，环保组织在其中所面临的现实挑战到底是什么？这些挑战对于环保组织影响企业环境责任建设会产生怎样的风险与阻碍？

一　相关环境责任议题，组织专业性不足

环保组织推动企业践行环境责任面临专业性不足的挑战。企

业环境责任建设是一套系统性工程，中间涉及组织管理、企业文化、技术创新、法律常识等内容。这不仅对于企业本身是一项巨大挑战，而且对于环保组织而言，也需要不断深入一个领域的知识，积累相关的经验，否则很难在参与企业环境责任建设中发挥实质影响力。但是从整体情况来看，当前许多环保组织存在行动领域不够专一、组织人力资源欠缺、专业性知识欠缺等问题。如相关研究表明，中国大多数环保组织不是只关注一个领域，而是多元化的。平均而言，每个环保组织关注四到五个问题。在该研究受访的 1437 个环保组织中发现，从事无关多元化领域的环保组织占到 39%，相关多元化领域的环保组织占到 42%，专门化领域的则占到 19%。[①] 这个结果表明，相当一部分环保组织是同时从事多个不同的活动项目，但是这其中面临的首要挑战就是环保组织需要在多元化领域及时补充更新相关知识。此外，当前中国环保组织的人员构成数量总体较低，只有 4% 的环保组织拥有 10 人以上的员工，大多数环保组织的管理需要依赖于创始人。因此，环保组织影响企业环境责任建设仍面临专业员工不足的严峻问题。

二　面临企业资源俘获，引发组织使命漂移

环保组织推动企业践行环境责任面临企业资源俘获的挑战，可能导致组织"使命漂移"的风险。对于中国环保组织而言，组织资金仍然是其面临的尴尬难题。一般而言，环保组织的经费来源通常来自于政府购买服务、组织会员、公众捐赠、基金会、企业资助等多元主体。但是这些资金来源渠道在环保组织总体资金

---

① 在该项研究中，作者主要依据由"合一绿学院"开发的中国环保组织数据库进行研究，该数据库从 2014 年开发，目前收录了中国全部比较活跃的环保组织，总量超过 3000 家。作者在其中选择了一部分数据结构相对完善的环保组织展开描述性分析，但是我们仍然可以从总体上看出环保组织在专业化方面的挑战。详见 Xie, Yi, et al., "Non-Profits and the Environment in China: Struggling to Expand Their Franchise", *The Journal of Business Strategy*, Vol. 42, No. 4, 2021。

的主要占比却不尽相同，有的组织可能更依赖于政府支持，从而在行动上受政府管制和约束较多，组织自主性面临结构困境；有的组织可能更依赖于企业资助，过于紧密的社企利益关联导致环保组织在面向企业环境责任建设的行动中畏首畏尾，甚至有渐变为企业代理人的风险。正所谓"吃人嘴短、拿人手软"，与企业关系密切的环保组织通常为了保障获取企业资金的支持，很可能会被企业所俘获，偏离其第三方介入企业环境责任监督的立场和初衷，主动降低其对于企业环境责任监督的规制强度。尤其是，现实中环保组织的资金来源主要以项目为依托来展开筹资，为了不断地去适应各种各样的资助方，满足资助方各种各样的要求，环保组织需要不断修改项目甚至机构定位，领导人也要花掉相当多的时间和精力去回应不同需求方，这种为了项目而项目、为了工作而工作的行动很可能会导致环保组织忘记了做这件事情的初衷和使命感。① 在梁从诫先生负责自然之友时，因为担心和企业合作对机构名誉的影响，自然之友对企业合作的态度一向是拒绝的。在 2008 年之后，自然之友才开始探索和企业合作的规则，希望社企双方能够有一个明确的边界。例如自然之友和企业合作的前提是：第一是三年之内没有环保方面的负面信息；第二不和任何品牌合作，不成为任何品牌的宣传符号；第三如果在资助发生过程中，企业有负面信息，自然之友有权单独解约。② 由此可见，对于环保组织来讲，明确组织机构的使命就是第一要务。特别是组织使命会影响组织在社会中的位置，又规定组织本身的运行和发展，它是一个组织区别于另一个组织的根本标志。③ 如果在企业资源俘获中自愿妥协，那么环保组织也失去了其环境公益属性。

---

① 梁晓燕：《使命感和进取心是 NGO 的灵魂》，《绿叶》2008 年第 10 期。
② 顾爽、代滢、孙忠杰：《绿色档案：当代中国著名的民间环保组织》，广东世界图书出版公司 2010 年版，第 30 页。
③ 许源源、涂文：《使命、责任及其限度：社会组织参与农村扶贫的反思》，《行政论坛》2019 年第 2 期。

三　非平衡的权力位置，致使参与深度有限

环保组织推动企业践行环境责任面临参与深度不足的挑战。由于在当前企业环境责任建设的利益相关者中，环保组织仍处于次要地位，并非企业所关心的主体。一方面，企业对于社会组织的回应性和积极性不足；另一方面，企业为了维护自身利益和管理，不愿意让环保组织参与进来，致使环保组织的声音很难融入企业管理和发展战略之中。此外，就当前环保组织影响企业环境责任建设的实践而言，尤其是相比西方发达国家，环保组织活动领域和参与深度仍然比较狭隘，主要涉及行业调研、媒体发声等方面，但是在融入企业实质环境战略管理中却鲜有涉足。这说明，环保组织参与企业环境责任建设的范围与深度还有待进一步扩展。

第 五 章

静态视角下环保组织推动企业践行环境
责任的行动策略运用

亦如在上一章理论分析框架所指出的，环保社会组织推动企业践行环境责任的行动策略运用和选择实际上基于两个关键因素的判断。正是"环保组织与企业关系的依赖性"和"环保组织使命与企业环境行为表现的兼容性"型构了环保组织行动的多样化情形，从而使其在特定情形下适宜地选择某一特征的行动策略。本章我们将结合两个环保组织的案例，从静态视角展开对特定情形下行动策略的剖析，这两家环保组织的具体行动分别涵盖了理论框架中的四种决策情形以及主导型的行动策略运用，能够为研究提供较好的例证。章节的最后，我们试图将四种不同的"情形—策略"再做一横向比较，挖掘不同特定情形之下行动策略抉择的判断机制以及差异表现。

第一节　同一环保组织，不同社企情形

需要指出的是，由于本书关注于环保组织在不同情形判断的策略选择与运用，在之前的研究设计部分，我们已经对为什么选择两家环保组织的故事来展开分析进行了解释。

其一，由于同一环保组织可能在实践中会遇到不同的决策情

形，这使得组织在面临特定情形状态时会灵活运用所适宜的主导型行动策略。因此，我们切勿形成"不同性质的环保组织对应于不同行动策略类型"的刻板印象。从本质上而言，环保组织推动企业践行环境责任的行动策略选择是依特定情形而相机抉择，组织性质并不是影响其策略选择的关键因素。那么，笔者在此选择了两家环保组织，实际上是运用两家组织的四个故事来对不同情形下的行动策略进行分析，以此解释在特定的情形下为何选择某种行动策略，以及其具体举措。

其二，虽然从理想的研究设计而言，应当是"同一环保组织，分别涉及四种不同社企情形"，但是从当前国内环保组织的自身发展以及在该议题上的行动，是非常难以寻找一家组织同时兼具四种不同社企情形的。故而，笔者最终选了两家组织的四个故事来展开分析，这样可以避免产生同一性质环保组织只涉及一种行动策略的观点；与此同时，这两家环保组织的实践分别触及两种情形状态，其中 A 组织涉及"依赖—兼容""依赖—非兼容"情形下的策略选择和运用；B 组织涉及"非依赖—兼容""非依赖—非兼容"情形下的策略选择和运用。因此，从数据上而言同样具有理论上的饱和度与代表性，有利于对理论框架进行验证。

其三，为了更好地控制相关自变量，进而鉴别出关键原因的影响，我们聚焦于同一环保组织中不同社企情形，实际上可以在控制社会组织性质、任务环境、活动领域等因素干扰的前提下，识别关键因素对于其行动策略选择的影响。

第二节　行业平台引领企业可持续发展：以 A 组织为例

在以往的中国社会组织行动的研究中，实际上政社关系成为观察社会组织行动自主性的核心视角，这使得社会组织的研究不论从实践经验，还是理论分析上而言，都是被置于国家与社会二元关系的框架之下进行探讨，致使社会组织与企业的关系长期处于次要位置或者被忽视的内容。当然，这种主流的研究导向离不开中国的转型社会特征，随着从计划经济时代向市场经济时代的转型，总体性社会的式微，政府从社会领域的逐步退出为社会力量的生长提供了一定的政治机会和制度空间。因此，于社会组织自身而言，处理与政府的关系是其成长与发展的第一要务，反而，如何与企业展开互动关系其实却并没有较好地作为组织战略发展的重要组成内容。可以说，中国大部分的环保组织（尤其是民间环保组织）与企业之间不存在绝对的依赖关系。因而，我们在分析依赖关系下的环保组织时，选择了环保组织类型中较为代表性的环保类行业协会。接下来，我们将以调研中的 A 组织为例来对其推动企业践行环境责任的具体行动策略展开分析。

一　A 组织的基本情况

行业协会是中国社会组织的重要组成部分，同时也是市场经济国家普遍存在的一类非政府组织。行业协会通常是指在市场经济条件下，以行业等具有经济关联性的多数企业为主体，在自愿基础上结成的以保护和增进会员利益为目标的非政府组织。[①] 在中国，行业协会的产生与壮大是由市场发展、政府改革和社会转型共同作用的结果。现阶段，中国行业协会主要存在三大体系：工业体系（如中国工业经济联合会）、商会体系（如全国总商会和各级工商联）和企业家协会体系（如中国企业家协会）。其主要的功能是能够代表行业利益的整体代表者，维护会员企业的经济利益，并采取行动将会员的利益诉求反映给相关政府部门；同时，行业协会也能够作为行业秩序的协调者，在协助政府的政策

---

① 王名、孙春苗：《行业协会论纲》，《中国非营利评论》2009 年第 1 期。

宣传和执行、维护行业内部规范和正常秩序等方面发挥重要作用。近些年，随着环境议题在全球化时代以及国家政策议程中的凸显，一些行业内开始出现了专门涉及环境保护、环境公益以及可持续发展的环保类行业协会。这些环保类行业协会在推动企业环境绿色转型、企业绿色理念"走出去"等方面同样发挥着不可或缺的作用。A 组织就是在此背景之下，在中国环保类行业协会中成立较早、颇具影响力的行业组织。

A 组织成立于 2003 年 10 月，是由国内外多家企业组成的一家环保行业协会，也是中国国内首家由工商界自发发起的环保组织，目前已在民政部注册登记。A 组织的成立相伴于全球企业社会责任运动的发展，并且适应于国家对于企业社会责任的战略需要。A 组织当前在国内工商业界颇具影响力，而且与世界其他各国和地区工商界的环保协会保持十分紧密的联系，并在一些行业规范探索中时刻与国际标准相接轨。协会的宗旨也是希望通过搭建平台的形式，促进协会内部的企业会员展开互相交流和友好合作；与此同时，协会在企业环保标准、安全生产、社会责任等建设方面，达成了会员内部的社会规范和约束机制，希望以此提升企业的社会责任意识，助推企业实现可持续性发展。

下图 5 - 1 呈现了 A 组织的组织结构图，目前协会设立了执行会长一人、副执行会长一人，由全体会员大会从会员中选举产生。全体会员大会是协会的最高权力机构，通常由会员企业的代表组成，每年举行一次。会员大会一般由执行会长主持，如果执行会长不能出席，则由副执行会长主持。每个会员企业应当委派其主要负责人或相应级别的负责人出席会员大会。在全体会员大会休会期间，理事会领导本会工作，执行会长主持理事会。理事会每年至少召开两次会议，成员也是由全体会员大会选举产生，任期为 4 年。理事会由执行会长、副执行会长和若干家理事单位主要负责人组成。此外，协会设秘书处为组织的常设机构，秘书处设秘书长一人，副秘书长两人。秘书处向执行会长报告工作。一般而言，秘书处主要负责协会的日常工作，执行理事会的各项决议，开展各项活动，负责员工管理、预算开支以及相关的内容报告、交流活动，包括联络代表的各项活动。在具体的业务领域，协会目前共设三个部门，主要为办公室、会员关系部和项目团队。办公室主要负责处理协会的日常行政事务；会员关系部主要处理与会员单位以及国际非营利组织的日常联络、关系维护和建设工作；项目团队则负责将每年协会的标志性项目或者具体工作计划执行落地，当前 A 组织的代表性项目主要涉及企业社会责任、低碳城市、可持续发展报告、能源和气候、安全环境与健康五个板块。

二 依赖—兼容：促进主导型策略

对于 A 组织而言，作为一家行业协会实际上与其会员企业单位之间保持非常强的紧密性关系，在这一点上尤其是其与理事会成员的关系更是高度依赖甚至是一种必要性关系。目前协会共有74 家会员，协会中共有 36 家会员或会员总部入选 2013《财富》世界 500 强排行榜，占到 74 家会员的近一半，500 强总数的7.2%。而 36 家上榜的会员或会员总部年收入达到了 3.3 万亿美元，占 500 强总收入的 10.9%，年利润总计 1520 亿美元，占 500强总利润额的 10%。会员公司的行业分布也比较广泛，从地域上而言，主要位于东部沿海地区，包括北京、上海、江苏、浙江、海南等省份；从会员公司的行业分类来看，包括金融/保险/财会/咨询、原油生产/炼油、石油化工、采矿/钢铁、电子/电器设备/机械制造、日常消费品等行业。总体而言，这些会员基本上在其所经营领域具有行业内的领先地位和影响力，如壳牌中国集团、国家电网公司、中国石化集团、陶氏化学、施耐德等。同时，由于 A 组织是一个非营利组织，经费来源主要是依靠会员的年费。

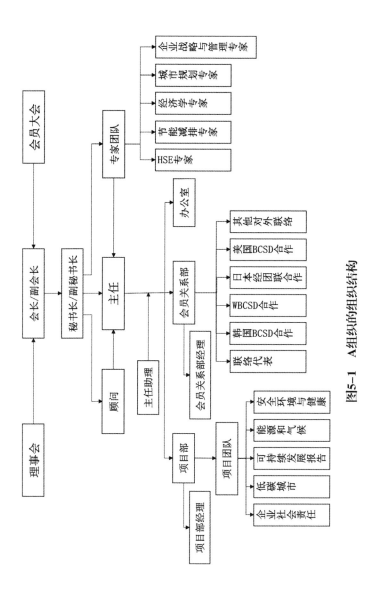

图5—1　A组织的组织结构

该年费要求会员于每年起始时交付，金额由理事会提出建议，并由会员大会批准，会员以其交付的会费为限承担责任。除了会员年费外，A 组织的经费来源还包括项目活动经费，国内外有关团体、组织和个人的捐赠，其他合法收入。"大体上讲，协会经费还是主要靠会员缴纳会费，会费大概在 30 万元上下，因此协会经费是相对比较充足的，每年在经费使用上都会略有结余，然后转入下一年经费预算使用。此外，每年我们也都会制订详细的年度预算计划，用于支持开展年内的工作计划和推动项目落地。不过，经费使用，我们通常都需要提前将年度预算交由理事会讨论、最后提交会员大会批准，并且我们也会做年度报告和财务报告使用情况的汇报。"（2015 年 8 月与 H 先生的访谈）除了协会在组织资源来源上高度依赖会员单位之外，协会的日常重大决策都需要通过理事会来决策。目前，协会从 74 家会员单位中选举了 21 家企业担任 A 组织的理事会成员，行使相应的职权。职权主要包括：批准工作计划；讨论通过年度预算；批准以理事会名义发布的报告及行政文件；根据理事会条款处理会员资格事宜；任命理事会秘书长和副秘书长；任命理事会的审计人员；根据要求，授权代表人约束理事会行为或支配协会资金等。就理事会成员单位的代表而言，也通常是来自会员单位中的高级管理人员，如董事长、总裁、总经理等。相当于在协会核心治理结构中融入了许多企业一把手或者高层人员作为连锁董事，参与协会的决策管理。因此，从大体上而言，A 组织不论在组织资源依赖结构上，还是在组织决策权分享方面都与理事会成员及会员形成了依赖关系，并且在这一依赖关系之中，A 组织的生存与发展是高度取决于理事和会员的支持，基本没有可退出的可能性。否则，一旦退出此关系，A 组织存在的必要意义乃至生存性都将不存在。

然而，作为一家环保类的行业协会，A 组织是具有鲜明的组织宗旨、组织目标与任务的。一方面，协会期望能够通过自身努力使其成为国内工商界在环境和可持续发展领域中的领跑者，也期望会员企业成为各自行业的翘楚和标杆，为各行业、各领域的可持续发展事业做出贡献；另一方面，协会致力于参与公共政策倡导和全球公共事务的治理当中，及时传递协会内部的声音以及管理理念，扩大组织的政策影响力，并为中外企业交流提供平台。在这一组织目标的引领下，A 组织在吸纳协会会员方面具有高度的谨慎性和选择性。"虽然我们是行业协会，但是我们也是一家环保非政府组织，所以我们在对会员单位的把关和选择上是比较严格的。如果想加入我们，我们是非常开放的，比如会员可以先向申请入会的公司发出入会邀请，或者申请入会的公司可以直接向我们提出入会申请。但是申请入会的公司是否通过要最终由协会的理事会审批。比如我们要看看你是否做过与企业社会责任的相关努力，是否建立爱护生态环境的公司文化，是否有一个透明开放的管理体制，是否强调员工可持续发展的教育培训，是否符合行业的技术标准和自律准则，短期内有没有出现过严重的环境负面信息……我们是非常重视会员单位的资质、能力以及在可持续发展方面的内容。"（2015 年 8 月与 H 先生的访谈）对于 A 组织而言，选择好的会员单位既能够较好地践行组织的目标宗旨，又能够不断提升协会在行业内整体影响力，从而能够为会员单位更好地服务，从这一点而言，协会与理事会员间在环境可持续性的目标上是高度一致的。

正是 A 组织与理事会员单位之间的密切关系以及双方在使命目标上的一致性，使得"促进主导型策略"成为 A 组织影响企业环境责任建设的常态化行动方式。这些具体策略包括：第一，服务于会员企业更好地"引进来、走出去"。A 组织通过充分发挥协会作为工商业与政府、机构沟通交流的平台和纽带作用。一方面，加强国内外交流合作，帮助会员跟进国内外可持续发展进程，分享企业成功的发展理念、经验和案例，特别注重结合中国国情开展推介国外的良好项目；另一方面，扩大会员企业在可持续发展领域的国内外影响力，帮助更多企业在走出去的过程中协调好社区关系、做好社会责任沟通，保障可持续的业务发展和社会责任发展。就在笔者在 A 组织作为志愿者的 2015 年，正是应对气候变化的关键之年，全球瞩目。由于企业在减缓和适应气候变化中扮演着重要角色，世界也高度关注中国政府的气候谈判立场及国内经济发展政策。A 组织通过积极发挥企业、政府交流对话国际平台的优势，组织系列活动，加强与国家发改委等主管部门的沟通，帮助企业及时跟进相关政策机制，反映企业的诉求和建议方案，并通过中国低碳联盟、法国企业环境委员会等平台，推动理事、会员企业参与应对气候变化议程，扩大中国企业在国际上的影响力。甚至在访谈中发现，理事会员对于企业"走出去"具有非常强的积极性。"2015 年 12 月即将举行的巴黎气候变化会议，将会开展气候变化和碳管理为主题的企业高层论坛，就当前来看有意愿参与此次国际论坛的理事会员特别多，由于这也是中法工商企业进行可持续发展交流的重要平台，很多企业都非常乐意去推广自己先进的工商业范例。因为这不仅仅只是增强企业的社会影响力，也是能够在国际论坛中寻求商机和项目合作。"（2015 年 8 月与 H 先生的访谈）近些年，A 组织区域性合作持续加强，与韩国 BCSD 以及美国、新加坡等国家的 BCSD 积极展开高层对话，交流中外市场的商业发展战略、绿色经济范例以及包容性工商业等领域经验。第二，协会推动会员企业技术创新、管理创新，关注重点领域、分行业项目的标准制定。A 组织从总体上积极推进企业履行社会责任，以研讨会、编制并推广标准、培训等形式交流经验，通过共同学习、分享和实践，促进协会会员单位共同改进和提高。比如企业社会责任"1＋3"创新项目是 A 组织率先发起的代表性项目，强调由一家会员企业带动供应链上的三家企业，把企业融入自身战略目标和经营方针，并推进到各行各业，推进到合作伙伴。此外就重点领域而言，能源和气候变化是 A 组织的标志性项目之一。为了推动会员企业自发进行温室气体管理、开发成本效益好的减排项目和节能减排的商业解决方案。2010 年以来，A 组织开发的石油化工、合成氨、硝酸、水泥等行业企业温室气体计算方法经政府主管部门批准作为系列国家行业标准陆续发布，为中国工商企业节能减排提供了技术支持和行动标准。在此基础上，A 组织召开专题研讨会，邀请相关行业重点企业参加，介绍标准内容和计算方法，加强推广应用，来促进企业温室气体管理和节能减排行动。除此之外，A 组织还先后翻译了国际标准化组织温室气体标准 ISO14064、美国石油学会《油气行业温室气体排放方法学纲要》、推出《应对气候变化和节能减排资料汇编》，介绍国际领先的温室气体资料和数据管理、汇报和验证模式，为协会重点行业企业的温室气体管理项目提供参考。第三，加强会员之间的联系与沟通，举办或协办相关会议及重要论坛。如 A 组织的可持续发展新趋势报告会已经是协会的年度盛会，以可持续发展领域的关注重点为主题，解读国际新趋势、国内政策导向以及工商界解决方案。十几年来得到政府、企业及相关机构的持续关注和积极参与，已成为国内可持续发展领域的标志性会议活动。这种联动方式不仅提高了会员企业对协会项目的参与度，推广了解决方案，实现了项目务实成效，而且充分发挥了会员企业的主导和主体作用。

三　依赖—非兼容：督促主导型策略

在之前理论分析中，我们指出，实际上"依赖—非兼容"状态很难作为一种常态化情景存在，因为在环保组织与企业保持极为紧密关系的情况下，企业发生了环境违规的行为，那么环保组织推动企业环境合规化的行动是相对比较迟疑的，其会在资源依赖与组织使命坚守的张力中无法清晰、果断地采取强硬态度和对抗的行动策略来影响企业环境的合规化。所以"依赖—非兼容"情形更多是以暂时性、短暂性的状态存在。需要注意的是，现实中并不意味着这种状态不会广泛地、持续地存在，因为环保组织与企业之间所形成的庇护关系很可能会导致环保组织选择妥协，但是这也意味着组织使命的漂移。因此如果在坚守组织使命不可动摇的前提下，那么环保组织就要面临在企业资源依赖与企业环境行为表现的冲突中做出行动选择。这一矛盾现象实际上在对 A 组织工作人员的访谈中发现协会面临的真实顾虑。在上述"依赖—兼容"情形的介绍中，我们知道由于 A 组织与其理事会员之间在组织资金上存在着高度的依赖性，这使得 A 组织在此依赖关系中无法选择退出，致使其将会员单位的服务性行动作为协会的核心工作内容。加之，A 组织为了更好地坚守组织使命，其对于加入的会员采取了有条件的准入门槛，无论是对协会会员的资质审核，还是环境行为表现的把关方面都具有严格要求。其本质上也希望能够通过凝聚行业内的标杆企业来助推中国工商界的可持续性发展，这种初衷的考虑实际上也能够较好地实现作为环保类行业协会的组织使命与宗旨。然而，在依赖关系确定的情形下，企业环境行为表现毕竟是一个动态变量，如果一旦发生企业环境违规的事件，那么协会又该如何影响企业改善环境行为呢？带着这种困惑，我在后来再次对 A 组织的一位工作人员进行了追访。"这个问题确实是比较棘手的问题，但是我们基本上很难去要求会员企业做些什么，因为在我们的工作中我们不是'要求'企业必须做什么，我们也可能只是'倡导'或者'点出来'，但是我们并没有实际性的权力就去让它们作出改变。毕竟我们是个协会，而且会员单位是每年会向我们缴纳会费的，我们最主要的任务还是将服务会员企业作为第一要务。会员企业也不想让我们给它们找麻烦。"（2020 年 7 月与 Y 女士的访谈）从这段回应中，我们不难看出，A 组织实际上在有限的条件下作出了最大化的努力，这种"点出来"的方式虽未像对抗性策略一般具有对立性、冲突性，但是它却是 A 组织在强依赖关系下，做出的最现实、最合乎理性的行动策略选择，是一种"督促主导型策略"的表现。

这一点在一家理事会成员的故事上更是得到了印证，我们姑且称这家企业为"SH 企业"。SH 成立于 1970 年，隶属于中国石化集团公司。20 世纪 60 年代，为保障北京成品油供应，中央决定在北京西南建设一座现代化炼油基地。SH 便由此正式成立，成为中国第一个炼油化工联合企业。经过五十年来的发展，SH 企业已发展成为具有千万吨炼油能力、80 亿吨乙烯生产能力的大型炼化一体化企业。近年来，企业为了当好油品质量升级的"领跑者"，全面实施炼油系统清洁化改造，大力推进绿色产品研发。据统计，2013—2019 年，SH 企业累计环保投入近 35 亿元，主要用于 VOCs 综合治理、废水提标改造、锅炉加热炉烟气脱硝等，并按北京市要求完成退煤工作，污染物排放量持续下降。企业先后荣获中华环境友好企业、中国能源绿色企业 50 佳、中华宝钢环境奖等荣誉称号，2019 年被工信部授予"绿色工厂"称号，并获评"中国石化绿色企业"称号。至少从 SH 企业的环保工作而言，A 组织与 SH 企业是具有目标上的一致性，而且 SH 企业也是 A 组织的重要理事会成员之一，其代表由 SH 企业的董事长担任。从某种意义上而言，A 组织与 SH 企业是一种实实在在的依赖关系，但是在此期间 SH 企业却发生过多次环境违规的现象。

2014 年，SH 企业下属的热力厂因私自将大量有害废油排放至流经西庄村的周口店河，使得周口店河及西庄村村内的农用水渠受到重大污染。同时，热力厂排放有害气体，使村民身体受到不同程度伤害，给该村造成了重大经济损失。事发后，北京房山法院一审判决 SH 企业向西庄村赔偿清污费等损失折合约 8 万元。2015 年 2 月，SH 企业为了处理废碱液，在明知市场正常处置价格的情况下，以明显不合理低价（每吨处置费 600 元）将危险废物交由某一化工企业处置，但是该企业却将废碱液从北京运至蠡县非法处置，废碱液全部经暗道排放至蠡县城市下水管网，并造成严重后果，这实际上客观上纵容和促使了非法处置行为。在2019年3月的全国政协十三届二次会议第四次全体会议上，生态环境部黄润秋副部长专门提出了"对非法倾倒危险废物的案件，创设产废者与倾倒者的连带责任人，既罚直接倾倒者，也罚危废生产者"的生态环境保护理念，而 SH 企业便是近年来危废产生者纵容危废非法处置的典型案例。同年5月，中华环保联合会发起了面向 SH 企业的环境公益诉讼案，这也成为一起涉及多方责任的危废非法处置类案件。

在面临上述发生的环境违规现象时，A 组织其实是注意了媒体对于会员企业环境违规行为的披露。只不过 A 组织长期是将会员服务作为首要任务，但是考虑到 SH 企业负责人又是组织的理事会成员，A 组织最终还是在私下里向企业负责人"点出"这一问题，希望能够尽快解决完善，但是并未采取任何其他实质性施压举措。"SH 企业的事情是有所耳闻，而且2017年的时候，环保部部长陈吉宁还实地走访过 SH 企业，批评过 SH 企业的管理。之后中国石化集团还专门召开过 SH 企业在管理粗放、装置整改不及时的问题，进行了通报批评，还责令其停产整顿，对相关负责人处理。这个事情我们会长是有所关注的，因为我们会长原先在中石化集团任职过，也知道相关情况。那么，我们其实在自己的工作中是不会选择报道，因为从协会工作以及双方密切关系上而言，我们很难做出什么举措，但是我们也会采取一些自己的做法，比如向其理事代表私下反映情况，包括可能我们在优秀工商案例挑选以及企业走出去的项目中不会优先考虑。"（2020年7月与 Y 女士的访谈）虽然从表面上看，A 组织在面对理事会员环境违规的事件发生时，以回避的方式来应对，但是在访谈中可以发现 A 组织仍然在表面回避之后，试图采用"弱者的武器"来影响企业的环境责任建设，如管理者的私下沟通、服务置后等软压力形式督促企业环境行为转变，这应该是 A 组织在"依赖—非兼容"情形下不得不为之的理性行动选择。反观，事例中的中华环保联合会，同样作为环保组织，但是其对于 SH 企业的行动态度和行动方式是非常地果断，直接向 SH 企业提起环境公益诉讼，这是由于中华环保联合会与 SH 企业之间并没有什么依赖关联，其行动具有更多自主空间。

第三节　绿色金融杠杆助推企业绿色转型： 以 B 组织为例

非依赖关系是在既有经验现象中比较常见的情形。除去环保类行业协会以外，基本上目前中国大多数环保组织与企业之间不存在绝对的依赖关系，企业对于环保组织的资金支持也并非处于主导型地位。这样的好处是，无论环保组织是面对何种规模的企业，抑或者何种性质的企业，环保组织能够在行动中处于与企业平等的位置，减少了对于企业资金粘连的顾虑。接下来，我们以 B 组织的行动项目为例，讲述在非依赖关系下 B 组织面向两种不同行动对象的策略选择。

一　B 组织的基本情况

B 组织成立于 2014 年，福建省级注册的民间公益机构，也是国内首家企业提升环境和社会风险管控的公益性平台。组织核心使命是期望借助绿色金融杠杆帮助企业升级绿色转型，减少碳排放，应对全球气候变暖，降低环境及社会风险，助力中国绿色金融的落地与可持续发展。自成立以来，机构一方面开展了多种形式的环境科普教育活动，广泛宣传环境科普知识、生态理念，推动公众参与环境保护；另一方面，不断探索和推进绿色金融研究和实践，多年来机构坚持收集企业的环境信息，在地走访调研企业环境，培育在地环境守护者，引导企业重视环境风险，进而提高环境风险控制能力，促进企业实现绿色转型，通过推动社会的参与和关注，守护碧水青山。其最具代表性的核心项目就是自主研发了环境和社会风险识别与评估平台，该平台已被广泛运用于金融机构的绿色信贷、绿色保险、绿色投资等绿色金融领域，为中国的绿色可持续发展提供了解决方案。目前，平台覆盖区域包括福建、浙江、江苏、山东、广东、江西省份的企业，其中涉及了制革、化工、矿业、电镀、环保、石油化工、码头、广告、食品等行业。而企业、金融投资机构、公众可通过平台快速了解企业的环境表现及风险情况，为其决策提供参考。成立至今，B 组织一直坚信绿色发展需要多方共治，已经与政府部门、金融机构、高校、行业协会及其他社会组织展开多方合作，拥有涉及环境、法律、经济、可持续发展、安全生产、职业健康等多个领域的专家队伍，具备政策研究、建言献策、推动立法、投资机构非财务风险评估、企业环境风险评估、非财务风险控制咨询等业务。现在 B 组织已成为福建省公益慈善宣传展示的代表性环保公益组织，就在 2020 年第三届"善行八闽：公益慈善项目大赛"中，B 组织"多元共治构建现代环境治理体系"的项目获得了优秀项目奖。如今，B 组织在推动资本向"绿"探索的道路越来越深入，社会影响力也逐渐增强，而我们接下来所要阐述的非依赖情形下环保组织两种行动策略的运用正是与其核心项目密切相关。由于在其借助金融杠杆推动企业环境责任建设的项目中，充分利用基于市场机制的原则通过与投融资机构的合作来规制和约束污染型企业，同一项目既涉及运用合作策略的商业机构，也包含采取对抗策略的污染企业，有利于更加直观地了解环保组织在不同情形下的策略选择。

二　非依赖—兼容：合作主导型策略

B 组织作为一家民间环保公益组织，是完全由热爱环保事业的民间人士自发成立。当前组织人员规模大概在 10—30 人，组织资金来源主要来自包括中华环境保护基金会、中国扶贫基金会、北京市企业家环保基金会、阿拉善 SEE 福建项目中心、正荣公益基金会、灵山慈善基金会、腾讯公益慈善基金等多家基金会支持，此外一小部分资金来自政府购买服务和其他社会捐赠。由于随着组织项目影响力的提升，组织对于中国绿色金融发展和环境保护事业的关心逐渐得到了行业内的认可以及社会的广泛关注，来自多家基金会的支持基本能够保证组织的正常运转。因此，从某种程度上而言，现阶段 B 组织既没有形成对于政府资源的依赖，也没有与任何一家企业保持利益上的强关联，组织在人事管理、资金支配等方面具有完全的自主性和灵活性，而且很多组织发展的战略规划、项目设计、项目执行等也都是由组织自主决定。正是环保组织与企业之间的非依赖关系，组织唯一的核心使命目标就是致力于推动环境保护，构建美好家园。这一点在 B 组织的创始人邓女士的身上就能切实感受到她对于环境公益的强烈使命感与责任心。早在大学期间，邓女士就曾积极参与过一些环保组织的志愿服务，如今不知不觉间已经投入环保事业快二十年。从最初关心家乡环境污染、发起环境公益项目，到之后启动"家乡守护者"项目，带动村民监督企业污染行为，邓女士一直活跃在环境保护的第一线。2014 年起，邓女士为了往环境保护的上游环节继续探索，从源头做起，让企业更好地承担环境保护责任，她的目标也从最初培养懂环境、能发声的本土"家乡守护者"，转向投入"绿色信贷"领域，希望能够撬动更多的金融机构和企业践行社会和环境责任，于是创建了全新的 B 组织，而推动资本"向绿"成为组织的核心使命和战略目标。"那是大概在

2008 年的时候，我当时参加一个关于绿色贷款方面的论坛，在那次论坛中我了解了一个叫作'赤道原则'的概念，当时听了觉得很有意思，我想你应该也听说过，大致就是说企业在向银行申请贷款的时候，银行可以对申请贷款的企业进行环境影响方面的评估，然后再考虑是否贷款给你'企业'。你也知道，在大多数时候银行贷款是不会管你企业是否存在环境问题的，只考虑你的业务是否有发展能力，只要别出现烂账赖账的现象就行。所以只要你企业资金流稳定，业务做的也不错的话，即使有环境违规行为，也可以申请上贷款，其实资本无疑在其中起到推波助澜的作用。所以如何从源头上约束，这是我想做的事，所以后来我就说服团队和合作伙伴改变工作方式，投入'绿色信贷'这样一个新的方向，直到 2014 年成立 B 组织，专门做这个核心方向。"（2020年 8 月 14 日与 D 女士的访谈）

　　而党的十八大以来，中央大力推进生态文明建设，围绕绿色金融、绿色信贷以及现代环境治理体系的议题被提上政策议程，这无疑对于 B 组织的发展提供了难得的机遇。2016 年中国人民银行等七部门发布了《关于构建绿色金融体系的指导意见》，绿色金融体系建设上升为国家战略，顶层设计和政策体系完善逐步加快。而自 2017 年开始，国务院率先选择了五个省区来开始探索绿色金融，并要求尽快建立绿色金融改革创新试验区，完善相关配套政策，推动政策的落地执行，并能够为政策进一步创新提供参考范本，以便在全国范围内推广。一时间，中国有关绿色融资类的项目层出不穷。此外，党的十九大报告也更加强调环境领域的合作共治，鼓励、支持和引导社会组织和志愿者参与到环境治理的过程中来。为了积极回应政府和公众对于社会组织的角色期待，更好地发挥社会组织的参与和监督作用，B 组织开始积极探索与商业银行和保险公司的合作。一方面，在国家政策驱动下，商业银行和保险公司开始关注环境可持续性问题，提升对于环境风险的认知，逐渐形成对能够产生环境效益、降低环境成本与风险或直接从事环保产业的企业或项目进行投资的行为；另一方面，由于当前环境信息繁杂，且识别应用难度高，金融机构难以对企业环境信息进行识别，也极难监督企业的环境管控是否到位。换言之，商业机构与企业之间存在环境信息方面的不对称，而 B 组织的核心业务恰恰能够弥补双方之间的信息鸿沟，为金融机构的管理落地提供保障。因此，B 组织与商业银行或者保险公司展开合作，不论在业务融合上，还是目标使命上都具有高度的契合性，B 组织呈现出"合作主导型策略"。

然而，开展与银行等金融机构的合作，帮助金融机构规避对具有重大环境影响企业的投资，从源头上断了污染企业的财路，却并非一件容易之事。一开始邓女士在另一家环保组织时，就率先从"国家重点监控企业名单"和各省区市的"重点监控企业名单"下手，对这些企业逐一进行信息收集、整理、分析，整理出省内污染企业名单。然后，开始尝试说服商业机构接受新的风险标准。"一开始的工作真的非常艰难，我们先通过发送邮件的形式，试图与一些银行、保险公司展开沟通，但是基本上很难收到什么回复，即使收到邮件，也只是非常官方的回应，表示知晓，会进一步与上级领导汇报，但之后就没有下文了。"（2020 年 8 月与 D 女士的访谈）最终，通过上门沟通，福州的兴业银行向其抛来了橄榄枝，而邓女士创建 B 组织之后，这种合作关系便延续到 B 组织身上。不过，B 组织与兴业银行的合作并不仅仅源自邓女士和 B 组织成员的努力，兴业银行从过往经验探索中对于这一行为的认可，也是双方达成合作的重要条件。早在 2006 年国内首推节能减排贷款产品之后，2008 年兴业银行便正式宣布采纳赤道原则，成为中国首家"赤道银行"。十多年来兴业银行致力于深耕绿色金融，推动可持续发展，可谓形成了赤道原则中国化的典型实践样本。据统计，截至 2018 年第二季度末，兴业银行已累计为

15742家企业提供绿色融资15748亿元，融资余额达7589亿元。
尤其在商业银行陆续加入绿色金融发展的大潮中，兴业银行副行
长薛鹤峰曾在接受《第一财经日报》采访时表示："绿色金融将
迎来新一轮战略发展机遇期，成为商业银行新的业务蓝海，随着
金融市场的扩大开放，绿色金融的竞争也将更加激烈。我们不怕
竞争，在竞争中求发展是我们不变的企业文化基因。……绿色金
融不仅是情怀和责任，也具有商业可持续性，可以实现经济效益
和社会环境效益的和谐统一。"① 由此我们可以看出，兴业银行作
为中国绿色金融领域第一个"吃螃蟹"的机构，其组织战略目标
与B组织的使命高度契合，这也是为什么兴业银行能够率先接受
与邓女士及其机构合作的原因。

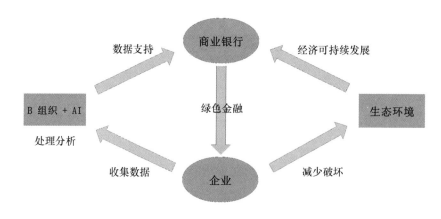

图5－2　B组织与商业银行的合作模式

在具体合作模式方面（如图5－2所示），B组织将企业环境
风险纳入金融机构的风控体系中，利用金融的杠杆遏制企业的环
境污染行为，提升企业环境责任意识。基于来自重点监管企业的
海量数据，组织创新地将AI技术运用到环境信息的处理中，大幅

① 《寓义于利　添彩美丽中国　兴业银行副行长薛鹤峰谈绿色金融》，2018年8月，《第
一财经日报》（http://www.p5w.net/money/yhzx/201808/t20180821_2178996.htm）。

提升了环境信息的处理效率，形成企业环境风险预警名单。不仅对银行的绿色信贷、绿色金融债券业务的非财务风险控制提供参考，减少了对污染型项目的支持，增加了对环境友好型项目的投资；而且为保险公司的绿色保险的保前保险费率、责任限额等决策提供参考，为企业环境风险管理提供了技术服务。目前，B组织每季度都会发布环境风险预警名单，该名单已被国内部分遵守赤道原则经营的银行列为风控系统指标，截至当前已支持国内十大银行与四大保险公司提供40000＋次环境预警，50＋次现场环境审核。与此同时，B组织联合政府、环保机构、投融资机构定期举办主题交流研讨会，以及通过不定期举办风控能力提升培训会，搭建多元、跨界的沟通平台，共同探讨中国的绿色可持续发展之路。内容包括投融资机构环境和社会风险识别及控制能力提升、企业环境管理能力提升、环保公益组织技能提升培训、公众绿色能力及意识提升等诸多方面。

三　非依赖—非兼容：对抗主导型策略

如果说在B组织所发起的"借助金融杠杆撬动污染型企业环境责任建设"的项目中，其面向商业银行的行动体现为合作主导型策略；那么，在项目中的另一面，则是其在面向污染型企业时对抗主导型策略的运用。实际上，从2014年以前，B组织机构的创始人邓女士就在当地一家环保机构发起的"家乡守护者计划"的项目中担当志愿者，长期扎根在基层，帮助村民掌握环境知识，教他们如何进行环境监测和监督，以及如何跟各方沟通。然而，尽管"家乡守护者计划"启动后，迅速在福建全省建立起专业的村民志愿者队伍，形成了自下而上的环境监督网络。但是村民监督企业的方式仍然属于在环境污染链的下游解决问题，而无法从源头上真正对污染型企业的环境责任与环境风险施加约束。正是这种思考方式的转变，迫使邓女士开始转变行动的目标，从对于污染型企业的"末端治理"迈向了"源头管控"。加之,在上述组织情况的介绍中,B组织实质上与当地一些产生污染的企业并没有必然的直接利益关联,这也使其不必在采取行动之时额外顾及来自污染型企业的"利益捆绑"。面对污染型企业的唯一目标,就是推动企业环境整改,提升它们的环境表现,减少对环境的影响和伤害。

从2014年成立以来,B组织就通过长期追踪,监督企业的环境表现。截至目前,B组织已收集与分析5万家企业的环境数据,累计开展了1500多次的线下企业调研,并结合上述数据资料,建立36万+《企业环境信用档案》,借此协助金融机构快速识别、评估企业经营中的重大环境影响,推动150余家企业完成环境问题整改与风险意识提升。其中在B组织面向污染型企业采取对抗性策略方面,具体举措有:第一,启动环境和社会风险识别体系建设,建设"环境和社会风险识别公共查询平台",加强企业环境表现的第三方监督。由于当前国内绿色金融领域尚处于探索阶段,体系中缺乏投资的环境与社会负面影响的评估原则,难以对环境风险信息进行科学、客观的判断评估。在这种情形下,B组织率先建立了面向污染型企业的环境和社会风险评估体系,这也为国内绿色金融的落地提供了有效的探索性解决方案。为了能够系统地对行业重点企业进行环境和社会风险的全面排查和评估监督,B组织基于政策及合规性、资源利用、环境保护能力、风险源与应急能力、社会影响和历史不良环境记录六个维度建立起评价体系,进而根据企业对环境法律法规遵守和社会责任履行的表现情况,对企业环境和社会风险现状进行评估,最终确立了五个风险等级。风险等级分别用黑、红、黄、白、绿五种颜色表示极高风险、高风险、中等风险、低风险、较低风险(如表5-1所示)。如果被评估企业存在不符合环境检测标准、污染治理效果差和对生态造成重大破坏,且在环保组织协调、沟通无效后将被纳入《企业环境风险预警名单》。该名单一方面对污染型企业形成一种外部社会性压力，为推动企业环境整改和预警提供了依据；另一方面，商业银行或者保险公司也可通过名单更加便捷、高效地对企业环境风险进行识别，从而降低银行的坏账率，减少环境责任险的调查管理成本。如表 5-1 所示，如果一个企业的环境问题评级从"黑色"逐渐走向合规化，那么银行和保险公司也会相应地在信贷优惠政策、环境保费优惠等方面给予绿色企业一系列培优支持措施。2019 年，B 组织又在以往调研数据收集、整合分析的基础之上，首次向社会公开发布《加强可持续管理名单》，该名单从企业项目的选址情况、环保手续、能源政策、危废处置以及历史环境问题处罚情况等多方面对企业环境表现进行评估。名单收录了福建省和山东省共 3230 家需要加强管理的企业，收录环境风险记录 5351 条。B 组织也希望通过发布名单帮助社会更聚焦、更精准地开展环境保护工作，同时推动国内绿色金融体系进一步落地，从源头预防环境污染。值得欣喜的是，撬动绿色金融来规制污染型企业的发展的确能够看到一些显现的效果。"我们所公布的名单，也相当于是提供给银行一份企业信用名单，银行可以根据名单上的评估打分来决定给哪些企业贷款，哪些不能。确实有的企业曾因为贷不到款，然后法人来闹的，觉得我们是胡乱评估……那我们只能把我们的立场和理由跟他说，他要闹就闹吧。"（2020 年 8 月与 D 女士的访谈）

表 5-1　　B 组织环境和社会风险评估等级及推荐使用原则

风险等级	释义	推荐使用原则	
		银行	保险公司
极高风险（黑色）	存在极高风险，极易给企业造成经营危机	建议暂停此类企业/项目开展业务，直至完成风险整改	建议暂停此类企业/项目承保、续保，直至风险降至下一等级，重新计算器保险金额

风险等级	释义	推荐使用原则	
		银行	保险公司
高风险（红色）	存在较高风险，较易给企业带来经营危机	建议对此类企业/项目不办敞口业务，直至完成风险整改	建议暂停对此类企业/项目承保、续保，按企业环境污染责任险调整最大浮系数进行核定，直至风险降至下一等级，重新计算器保险金额
中等风险（黄色）	风险系数中等，可能给企业带来一定风险	建议对此类企业适当放宽贷款，直至完成风险整改	建议暂停对此类企业/项目承保、续保，按企业环境污染责任险调整较高上浮系数进行核定，直至风险降至下一等级，重新计算器保险金额
较低风险（白色）	风险系数较低，且企业对风险有一定控制能力，正常情况下不会对企业经营带来影响	建议对此类企业放贷，并鼓励企业进一步提升其风险控制能力	建议暂停对此类企业承保、续保，按企业环境污染责任险调整正常保费进行保费核定
低风险（绿色）	环境表现良好	建议优先对此类企业放贷或定制金融产品	建议暂停对此类企业承保、续保，按企业环境污染责任险调整优惠系数计算保险金额

第二，实地开展行业、企业环境风险和社会风险评估。如在2018年，B组织为了摸底福建省石材行业中包含不同生产工艺、生产规模等各类石材行业企业的共通的环境风险和社会风险，联合阿拉善SEE生态协会、福建省石材行业协会和石材企业，对福建省多家大型石材企业开展调研，并提出整改建议。

第三，联合社会公众各方力量参与污染防治。一是通过与其他环保组织联合行动，将"黑名单"运用于环境公益诉讼，以此提高企业环境违法成本，遏制污染行为。如2017年，福建省一家环保组织通过借助B组织发布的《加强可持续管理名单》进行筛选，并结合实际调研情况，发现福州市一家农业综合开发公司存在非法占用林地的违法行为。最终，该环保组织直接对该企业提起环境公益诉讼，并以胜诉结案，法院最终判决被告异地修复其造成的环境损害。与此同时，在2017—2019年，福建另一家环保组织依据名单，确立了作为重要监督对象的企业，从最初的盲打转到精准关注，有效提升了组织在一线调研过程中发现问题、解决问题的精准性，极大提高了调研者的工作效率。二是B组织动员更多当地的志愿者持续跟进企业环境表现，充分发挥公众在污染监督中的主体性权利，助推企业履行环境责任。不过，当前B组织的行动区域主要以福建省为核心，下一步B组织将以华东、华南沿海省份作为推进目标，建立环境监管系统，实现更多区域的覆盖。

第四节 比较分析

表5-2总结了上述四种不同情形下环保组织采取不同主导型行动策略的主要特征。虽然我们只选取了两家环保组织，一家为环保类行业协会，一家为民间环保公益组织。但是性质的不同并不必然反映其特定的行动策略，因此我们仍然可以将它们放在一起进行比较分析。通过两个组织的四个故事可以看出，环保组织推动企业践行环境责任的策略选择取决于不同的情形类型，而这受到"环保组织与企业关系的依赖性"以及"环保组织使命与企业环境行为表现的兼容性"这两个基本条件的交互作用。环保组织的行动策略并不必然是对抗型的，也不必然是合作型的，而是在多样化的情形中相机抉择。不过，这种相机抉择的内在机制则在于环保组织需要在两个关键因素的交互作用下做出对于保有/退出关系机会成本的衡量和共识程度的判断。

表 5-2 环保组织四种情形类型下的策略选择、企业环境责任指向及其影响效果

环保组织	组织使命/目标	行动对象	四种情形	退出关系的机会成本	共识程度	自主程度	企业环境责任的核心指向	策略选择	影响效果
A组织	以行业平台促进企业经济、社会和环境的可持续发展	理事/会员企业	依赖—兼容	高	高	低	合行业规范性 合社会期望	促进型	较好
		发生环境违规的理事/会员企业	依赖—非兼容	高	低	低	合法律性	督促型	较差
B组织	借助绿色金融杠杆帮助企业升级绿色转型	商业银行/保险公司	非依赖—兼容	低	高	高	合行业规范性 合社会期望	合作型	较好
		重点监控的污染企业	非依赖—非兼容	低	低	高	合法律性	对抗型	中

　　从 A 组织的故事，我们可以看到，在"依赖—兼容"的情形下，环保组织与行动对象之间在利益关联和治理结构上保持紧密联系，环保组织也难以从此关系中选择退出，否则组织的生存与发展将受到影响，所以 A 组织始终将服务理事及会员企业作为第一要务，及时反映会员的利益和诉求，促进型主导策略是其经常使用的常态化策略。在"依赖—非兼容"的情形下，环保组织与企业已然处于不可退出的状态，然而企业却发生了污染行为，A 组织为了不给发生环境违规的理事企业添加麻烦，同时又为了在会员中保持对于使命的坚守，则采取了相对温和折中的督促主导型策略，私下向企业管理者指出问题，希望予以重视。从 B 组织的故事来看，在"非依赖—兼容"的情形下，环保组织相对于企业的自主程度是比较高的，它并不需要考虑是否一定要维持与企业的关系，或者依据企业的"脸色"行事，彼此关系完全可进可退；那么此时环保组织面向企业的策略选择只能取决于双方在理念或者项目中的共识。B 组织借助绿色金融杠杆帮助企业绿色转型，本质上是通过跨部门、跨行业、跨领域的合作来推动企业环境责任建设的多方参与，在这个过程中既契合了环保组织和商业机构共同推进环境"源头管理"的项目需要，同时也迎合了国家对于环境治理体系建设以及绿色金融的战略要求。在"非依赖—非兼容"的情形下，环保组织相对于企业的自主程度同样比较高，多元化的资金来源使得环保组织行动具有一定独立性，它完全不需要为是否保有与企业之间的关系而过分担忧。行动的唯一判断就在于企业环境行为的表现是否与组织的使命目标具有兼容性，是否能够在一定的价值观点上达成共识。所以 B 组织在面向重点监控的污染企业时，它不惜站在对立面，试图采取各种方法手段来规制、约束、影响企业的环境违规行为，其核心目标就是引导企业重视环境管理，最终实现生态环境的改善。

　　但是从现有经验数据而言，我们却很难说明究竟哪种行动策

略的运用能够对推动企业环境责任建设产生显著的影响。因为在
不同情形之下，环保组织推动企业环境责任建设的核心指向存在
不同的差异，从而在具体影响的效果方面也有所不同。例如，在
"依赖—兼容"和"非依赖—兼容"的情形下，环保组织推动企
业环境责任建设的核心指向是合行业规范性和合社会期望。由于
作为行动对象的企业不论在环境责任态度上，还是在环境行为表
现方面都较为积极，那么此时环保组织的行动实际上是基于社会
对企业更多的期望，希望其能够在合法律性的基础之上做到"超
水平合规"。所以也不难发现，在这两种情形之下，环保组织与
企业在环境治理上的共识性，使得环保组织对于企业环境责任建
设的影响效果较为明显，企业也十分愿意接受来自环保组织的合
作。如在 B 组织的案例中，B 组织持续推动与银行等金融机构的
合作，将"环境责任"的理念扎根在金融机构的企业文化和业务
之中，这实际上无形中拓宽了金融机构的社会责任边界，使其能
够更好地审视自身在环境治理、可持续发展方面的贡献。然而，
在"依赖—非兼容"和"非依赖—非兼容"的情形下，环保组织
推动企业环境责任建设的首要核心指向是合法律性。因为此时即
使作为行动对象的企业已发生环境违规、环境污染的行为，环保
组织的首要行动目标是为了规制企业污染行为、加强企业环境监
控、推动企业环境整改，使其达到法律强制性规定的环境义务。
只不过，因为环保组织与企业关系的差异，使得其采取影响企业
环境责任合法律性的策略有所不同，一个是以温和委婉的方式进
行，一个是以直接施压的方式进行。

　　除此之外，我们还可以看到，不同情形下所形塑的环保组织
自主性程度有所不同，可是自主性的差异并不必然带来环保组织
推动企业践行环境责任影响效果的提升。如：当环保组织与企业
处于依赖性关系时，环保组织退出此关系的机会成本将远远大于
保有关系所产生的机会成本，这种不可退出性使其难免与企业之

间存在权力的不平衡性，其组织的自主性亦可能被其他企业所介入或者分享；但是当环保组织与企业处于非依赖性关系时，环保组织与企业之间不存在利益上或者治理结构上的紧密关联，至少在社企关系中双方具有平等性，不会为企业利益所束缚，那么环保组织的自主性程度会比较高。然而一个有趣的现象是，这种自主性程度的高低基本与其影响企业环境责任建设的效果无关。不论何种自主性程度之下，环保组织的影响效果都存在积极或者消极（中等程度）的结果。由此，我们更可以看出兼容性因素在其中所起到的重要作用。

第六章

动态视角下环保组织推动企业践行环境责任的行动策略演变

在上一章，我们主要是从静态类型的视角分析了特定情形下环保组织主导型策略的运用。然而，现实中环保组织影响某一企业环境责任建设的行动策略选择并非恒定为某一种主导型策略，而是随着情形的变化，适时地进行动态变化与调整。一方面，这种变化反映在特定情形内部某一主导型策略中多种不同具体策略的组合与运用；另一方面，这种变化反映为不同情形间的转化与主导型策略的动态调整。在本章，我们将结合两个具体的历时性案例对这一问题进行过程—事件分析，并将理论框架中所涉及的关键因素转化为动态因素，探讨环保组织在变化情形中策略选择的判断机制。

第一节 同类型企业，不同企业环境行为表现

在研究中，为了能够准确识别出那些对结果产生影响的关键变量的有效途径，增强对于因果关系的论证，我们对动态情形的分析采用了"最相似案例研究设计"，并运用过程分析法对每一个案例中环保组织推动企业践行环境责任的实践过程进行详细分析，以此呈现出那些对行动结果影响的关键性诊断证据。那么，

从动态视角来分析时，由于环保组织与企业关系的依赖性在一定时期内是相对稳定的，从"非依赖"到"依赖"的过程是一个缓慢发生的过程，而这在大多数中国环保组织身上尚未发生，无法更好地进行历时分析。因此我们选择"非依赖—非兼容"情形下对抗主导型策略中具体施压策略的变化，以及环保组织从对抗主导型策略向合作主导型策略转变的案例。需要说明的是，这也并不意味着我们对于其他情形变化与策略调整情况的忽视，并不会影响研究本身对于理论命题的检验，研究在于检验环保组织推动企业践行环境责任的行动策略是随情形而动态调整变化的。

　　其中案例一是分析在特定情形下环保组织具体行动策略的动态调整。我们选了 C 组织近些年发起的"为电商平台'去毒'"的项目，该项目主要面向电商平台企业施压，督促平台企业（拼多多和淘宝）加强在"有毒"玩具品方面的审核和自查。① 目前，该项目仍然是处于"非依赖—非兼容"情形下正在进行中的项目，行动的情形与主导型策略并未发生根本转化，仍处于对抗性阶段。但是即使在这一情形之下，C 组织影响企业环境责任建设的具体行动策略却极具丰富度，能够较为完美地呈现其中内在具体策略变化的细节。这实际上也是为了告诉读者，即使运用对抗

---

　　①　该项目在当前环保组织推动企业践行环境责任建设中极具代表性和前沿性。一方面，是其关注于"隐性污染"问题；另一方面，从项目所涉行业而言，电商平台在居民日常消费领域具有强大的影响力，其具有区别于传统行业的企业社会和环境责任。特别是在电商平台快速发展的同时，由于其连接性、共享性和生态性的特点，决定了平台型企业社会（环境）责任与传统企业有很大的差异性。其既需要做好"作为独立运营主体的社会责任"（如提供双边使用的满意平台），还要履行好"作为商业运作平台的社会责任"（督促买卖双方的负责任行为）以及"作为社会资源配置平台的责任"（整合社会资源提升社会价值创造）。以"小黄鸭"为例，基本上在淘宝、拼多多、京东销售前十的热销店铺，减压玩具店铺月销售量均能超过一万单。电商平台已成为"小黄鸭"玩具品一个重要的零售出口和流转地。这意味着，电商平台企业本身需要承担审查、监督含有有毒化学物质玩具品的责任，保障买卖双方进行诚信、合法、合规的商品交易。否则，如果平台任由低质量、低环保、低安全的产品横行市场，这是已经超过了企业社会责任的底线要求。应当说平台型企业对于隐形污染产品的审查行为是环境责任行为的重要体现，也属于企业社会责任的一部分。可参见肖红军、李平《平台型企业社会责任的生态化治理》，《管理世界》2019 年第 4 期。

主导型策略，其具体策略仍然会有差异性。案例二则是一个相对成熟的项目，这个项目的特点在于情形之间的转化使得 D 组织的主导型行动策略出现调整与分化，从起初面向所有企业实行对抗主导型策略，到后来 D 组织与一部分企业经历了从对抗转向合作，与一部分企业仍处于对抗阶段，这对于回应以上的情形变化与主导型策略调整提供了例证。

　　总体而言，以上两个案例都是主要呈现了非依赖条件下情形变化与社会组织行动策略的动态演变，而"最大相似案例研究设计"使得我们更好地观察不同企业环境行为表现之于环保组织行动策略选择方面的影响。在案例一中，C 组织的行动项目涉及两家电商平台，主要是淘宝和拼多多，由于 C 组织与这两家企业并未有利益上的强依赖性，且两家企业同为电商平台企业，处于供应链的终端环节，但是淘宝和拼多多在企业环境表现的实际行动和回应态度方面的差异，使得 C 组织不断调整具体策略的施压程度。在案例二中，D 组织的行动项目主要是推动时尚品牌企业的绿色供应链管理，这些品牌企业都是处于纺织行业供应链的终端，在业务领域方面同样具有高度的相似性，但是品牌方在该项目中的企业环境行为表现却出现了显著分化，使得 D 组织推动品牌方践行环境责任的策略也出现了差异性调整。

第二节　特定情形下具体行动策略施压
程度的动态调整

　　作为一家以抗击"隐形污染"为目标的环保公益组织，近些年来 C 组织长期关注日常生活中由有毒有害化学生产、使用、排放而导致的环境和健康问题。在本节中，我们将以近两年期间，C 组织所发起的"为电商平台'去毒'，抵制销售有毒塑胶玩具化学品'小黄鸭'"的事件为例，详细剖析 C 组织如何依据企业

的环境行为表现来动态地调整其影响电商平台类企业环境责任
（以淘宝和拼多多为例）的策略选择，并历时性地呈现 C 组织如
何在行动过程中进行策略组合和施压程度的调整。

一　案例背景介绍：为电商平台"去毒"

有毒化学品的防范与管理是环境治理中持续引发关注的重要
问题。早在 1992 年里约热内卢联合国环境与发展大会上，化学品
的环境无害化管理就被列入《21 世纪议程》，成为人类社会可持
续发展战略的组成部分。由于现阶段中国环境保护的重心仍偏重
于常规污染物控制，非常重视公众可以直接感知的污染现象，如
传统的"三废"型污染；但是对于"隐形"的化学品环境问题以
及健康风险尚没有引起足够的关注度，致使化学品环境管理成为
环境保护中的短板和边缘议题。然而，随着中国经济高速发展，
化学品的生产和使用量持续增加，化学品生产、加工、储存、运
输、使用、回收和废物处置等多个环节的环境风险日益加大。尤
其是化学品往往具有环境持久性、生物蓄积性、遗传发育毒性和
内分泌干扰性等，对人体健康和生态环境构成了长期或潜在危
害。[1] 例如：在中国一些河流、湖泊、近海水域已检测出多种化
学物质，局部地区持久性有机污染物和内分泌干扰物质浓度高于
国际水平；人类体内也经常被检测到令人关切的化学品，如母乳
中的二噁英和呋喃，尿液中的邻苯二甲酸酯，以及人类血液中的
重金属等。[2] 由此可见，对于"隐形"的化学品环境风险防控形
势日趋严峻。

---

① 《环境保护部关于印发〈化学品环境风险防控"十二五"规划〉的通知》，2013 年 2
月，中华人民共和国中央人民政府网（http://www.gov.cn/gongbao/content/2013/content_
2412291. htm）。

② 赵静、王燕飞、蒋京呈等：《化学品环境风险管理需求与战略思考》，《生态毒理学
报》2020 年第 1 期；刘建国、胡建信、唐孝炎：《化学品环境管理全球治理格局与中国管理体
制的完善》，《环境科学研究》2006 年第 6 期。

　　"小黄鸭""尖叫鸡""发泄团子"，是近些年来在电商平台上流行的减压玩具。这些玩具大多为塑料制品，它们形象可爱、造型多样、触感特别，价格在市场上也较为便宜，不仅备受婴幼儿的喜爱，而且在年轻人中也颇受欢迎。然而大家却很少知道，这种看似简单无害的玩具却多次被曝出含有超标有害化学物质。以"小黄鸭"类的儿童塑胶玩具为例，大多由聚氯乙烯制成，为了达到柔软性，通常需要在产品中添加增塑剂，而其中最常用的增塑剂就是邻苯二甲酸酯。邻苯二甲酸酯迁移性高，一旦遇到热水或者沐浴露等油脂性物质时，增塑剂就容易从产品中释放，可通过呼吸道、消化道、皮肤等途径进入人体，干扰人体正常的内分泌系统，使得男性精子质量下降，促使女性早熟，对身体有极大的损害。目前国家标准虽已规定了六种邻苯二甲酸酯的儿童玩具限值①，但是在以往多次的报道中，仍发现增塑剂在"小黄鸭"玩具中超过安全标准的使用情况。如果任由这些含有有毒化学物质的塑胶玩具横行市场，不仅会对具有优质质量的或者合格的玩具品造成冲击，形成"劣币驱逐良币"的市场逆向选择现象，而且这种玩具品所携带的"隐形污染"会对儿童的成长发育产生严重的负面危害。如今，电商已经成为中国家庭日常消费的重要渠道，急速发展的电商平台正在加速这些问题产品的流转，污染也随电商从一线城市向四五线城市蔓延、下沉，流遍至全国。为此，C 组织在 2018 年 10 月发起了"为电商平台'去毒'"的项目，计划通过对特定的儿童消费品调查与倡导，检查其在重金属铅镉、塑化剂方面存在的问题，以期为普通老百姓的消费决策提供信息参考，推动企业社会和环境责任乃至行业的规范管理。

---

　　① 在中国玩具安全标准《GB6676.1－2014 玩具安全》，增加了 6 种增塑剂的限值规定：所有可触及的玩具材料和部件中，3 种邻苯增塑剂 DEHP、DBP、BBP 总含量小于 0.1%，对于可放入口中的玩具和部件，3 种邻苯增塑剂 DINP、DIDP、DNOP 总含量小于 0.1%。

二 C 组织的基本情况

C 组织是 M 先生于 2017 年率先发起和成立的民间环保公益组织，至今已经快有三年时间，其注册实体为深圳市×××环保公益事业发展中心。C 组织成立的使命在于合力抗击"隐形污染"，消除有毒化学品对中国人群的健康影响。目前，C 组织核心业务主要涉及两个方面：一是开展倡导行动，为公众日常消费品去毒。计划目标是促使国内主要电商平台建立阻止有毒商品进入其市场的内部监管制度，以有效保护公共健康，并倒逼供应链不断减少有害化学品使用或污染；二是通过智库建设、大众传播和搭建合作网络，推动化学品管理议题主流化，计划目标是推动国内外公益基金会设立专门基金支持中国民间组织参与化学品管理议题。

从 C 组织当前的人员构成和组织架构来看，组织规模较小，具有专职人员 5 人，兼职人员 2 人，志愿者和实习生若干，人才队伍的学历背景均为本科以上，且年轻化程度很高。目前设有理事长 1 位，主要负责组织总体规划、把握学术规范；科普传播及 POPs 污染防治项目主任 1 位，主要负责化学品污染防治科普和传播、PoPs 污染防治项目；化学品网络与民间能力建设项目主任 1 位，主要负责化学品政策倡导和 NGO 合作网络的协调；无毒生活及塑料解毒项目主任 1 位，主要负责无毒消费、健康社区、塑料污染防治项目；另外，还包括有害垃圾项目助理、兼职内控、兼职出纳和行政助理各 1 名。整体而言，这是一个去中心化程度高、年轻且有活力的工作团队。这几年，组织也在不断加强自身的知识储备和专业化水平，形成了专兼结合、多方合作的局面。特别是 C 组织的创立者 M 先生具有丰富的实践经历和极强的专业知识背景，他在海外取得硕士学位，并在国内一流大学取得环境史博士学位，长期奋战于环保公益的第一线。不仅本身为组织发展、组织项目提供智力支持，而且还积极引入多方专业力量，将高校的专家学者、民间公益达人、专业技术人员、政府相关部门的资深领导或工作人员吸纳进自己的专家库，有效地提升了组织的专业知识储备。除此之外，C 组织还十分注重加强与政府、企业的合作互动。每年组织都会以政策建言的形式向政府提供相关的信息和政策建议，并且与一些化学品产业中的企业展开倡导与合作工作。不过，由于 C 组织项目经费来源主要来自其他基金会、公众捐助支持，因此与政府之间并没有过强的政治关联，与企业之间也没有过强的利益关联，组织活动具有一定的公共性和中立性。

三　C 组织的行动过程

在"为电商平台'去毒'"的项目中，C 组织主要选择了两家电商平台企业作为行动的对象，分别是淘宝网和拼多多。但是在调研中，一个有趣的发现是，C 组织影响淘宝和拼多多两家电商平台企业责任建设的行动呈现出一定的先后性，在第一阶段，C 组织主要面向拼多多施加压力。在对拼多多的施压取得初步成效之后，C 组织开始将行动对象扩展至淘宝。至今，C 组织面向拼多多和淘宝的施压行动仍在进行中，并且已经延伸至上游的生产企业以及平台问责。按照时间顺序，我们可以将 C 组织"为电商平台'去毒'之小黄鸭"的行动项目分为三个阶段。

（一）第一阶段：面向拼多多的行动

在面向拼多多平台售卖有毒"小黄鸭"施压的过程中，C 组织首先对在拼拼多平台出售"小黄鸭"的玩具品进行第三方检测并进行媒体披露。在 2018 年 10 月，C 组织在拼多多平台选取了销量 10 万＋的"小黄鸭"款式，购买之后送到独立的具有检测资质的第三方实验室检测。根据检测机构报告显示，在拼多多所购买的塑料"小黄鸭"产品，增塑剂邻苯二甲酸酯含量超出国家相关标准《GB6675.1－2014 玩具安全　第 1 部分：基本规范》

达到 150 倍。检测之后，C 组织很快将检测结果在其微信平台和网站进行了公开，题名为《销量 10 万＋的毒多多小黄鸭流向孩子，拼多多你快来制止》。但是由于宣传平台的影响力较小，并没有引起行业乃至拼多多平台的足够关注。于是，C 组织选择用建议函的方式直接向拼多多反映，建议下架已被发现购买的增塑剂邻苯二甲酸酯超标"小黄鸭"产品，并对所有平台在售小黄鸭或类似塑料玩具产品进行增塑剂邻苯二甲酸酯含量及其他可能有毒化学品指标的抽检，同时要求商家主动公布产品安全性的监测信息。而这次《建议函》的行动的确取得了积极成效，拼多多很快向 C 组织作出了回应，表示感谢，并将不合格产品做了下架处理。

除了以上传统媒体的曝光以及《建议函》之外，C 组织在第一阶段还同时借助新媒体手段向公众传递科学信息。由于公众是商品的最终消费者，其对产品质量的评价对于企业具有较强的约束性，直接关系着企业的经济效益和组织声誉。然而，普通消费者对于有毒化学品的认知严重缺乏。因此，为了吸引更多人对于日常生活中有毒化学品的关注，C 组织紧跟潮流，拍起了"抖音"短视频，向公众做科普宣传，希望以此能够影响消费者的选择，推动公众主动抵制有毒化学商品的消费，来倒逼平台的零售行为。"现在是一个新媒体时代，所以我们组织也是紧跟时代潮流，希望能够贴近公众，一方面是宣传自己的组织，另一方面我们希望做一些有毒化学品的科普，我现在就在尝试打造自己的'IP'。我们也在和专业做媒体的人合作，前期我们已经做了化妆品成分检测的视频，我们现在在做一些关于小朋友抵制有毒玩具以及日常生活中有毒商品的普及。当然粉丝数量还不够多，期待能够做出好的东西吧。"（2019 年 10 月 20 日与 M 先生的访谈）

遗憾的是，新媒体平台的宣传总是处于"冷冻期"。有时候一条短视频只能收获十几个赞，转发量也极其有限，如果只是依靠短视频平台来真正地影响广大消费者，似乎也是收效甚微。不过，这次向新媒体平台转型动员公众的行动策略却给 C 组织带来一些新的启发。"媒体影响力似乎成为一个项目最初的一个难点，我们很希望能够引起更多人的关注，不过可能开始有些事与愿违。不过前期行动也给我们组织带来一些需要努力的方向。一是必须尽快加强自己社会网络的建设，争取在行业内形成联盟和宣传网络；二是似乎我们不能再'撒胡椒面'了，我们必须定位于与'小黄鸭'消费相关的特定群体。"（2019 年 10 月 20 日与 M 先生的访谈）

于是，2019 年年初 C 组织为了进一步推动民间力量在化学品安全管理中的作用，在行业内率先发起了"化学品安全民间合作网络"（Chemical Safety Network），制定了《化学品安全民间合作网络 2030 共同愿景与行动纲要》，旨在通过链接政府、学界、企业、民间等利益相关方，合力建立起健全的化学品管理体系，使得生态环境和公众健康不再遭受有害化学品和危险废物的严重威胁。此外，为了扩大有毒玩具品在公众的关注度，C 组织开始利用自己的微信平台和关系网络，建立了"宝贝计划"微信群，吸引更多关注儿童健康的群体，尤其是"宝妈群体"加入其中，一起为拒绝电商平台有毒产品发声。

（二）第二阶段：面向拼多多和淘宝同时行动

2019 年 1 月 1 日，《中华人民共和国电子商务法》正式生效。该法明确对关系消费者生命健康的商品或者服务，电商平台经营者对平台内经营者的资质资格未尽到审核义务，或者对消费者未尽到安全保障义务，造成消费者损害的，依法承担相应的责任。如果电商平台经营者对平台内经营者侵害消费者合法权益行为未采取必要措施，或者对平台内经营者未尽到资质资格审核义务，可以处五万元以上五十万元以下的罚款；情节严重的，责令停业整顿，并处五十万元以上二百万元以下的罚款。该法的正式执行给了

C组织极大的鼓励和支持，而"为电商'去毒'"的行动也开始步入第二个阶段，项目范围扩大至面向拼多多和淘宝同时行动。

"非常欣慰的一点，从法律上而言，我们的行动与国家政策、法规的要求是一致的，而电子商务平台责任的监管也成为国家关注的重要领域。但是你可能不知道，由于我们了解过《电子商务法》草拟中的意见征求，其中在消费者安全保障方面，电商平台对消费者的审核义务，从三稿时的'连带责任'，到四审时的'补充责任'，再到最后的'相应责任'。你可以看出，中间各方利益博弈，所以加强电商平台经营者的责任监管还任重道远。"（2020年5月30日与M先生的访谈）

在这一阶段，C组织面向拼多多平台售卖有毒"小黄鸭"的施压采取了联合公众维权、媒体披露和借力政府的组合对抗策略。行动的转机来自于之前微信群"宝贝计划"中多位宝妈的呼声。在2019年2月，有多位"宝妈"通过微信群联系到C组织的工作人员了解有毒"小黄鸭"的问题。出于对产品质量的担忧，共有十位宝妈消费者将其在拼多多上购买的"小黄鸭"玩具委托C组织送交具有检测资质的第三方实验室检测。最终，检测报告显示："10款小黄鸭套装中有7款增塑剂邻苯二甲酸酯的含量超标，超标范围大致在290—417mg/kg，属于不合格产品。"检测的结果引起了宝妈们的强烈不满，她们表示愿意与C组织一同向拼多多进行投诉。与此同时，C组织再次通过建议函的方式，并附上宝妈们所购买产品的检测报告送至拼多多在线官方客服。在此次《建议函》中，C组织除了强烈建议拼多多"立即在平台下架已被发现增塑剂超标的小黄鸭产品"和"对平台所有在售小黄鸭或类似塑料玩具开展增塑剂含量及其他可能有毒化学物质的抽检"之外，还要求"建立有毒产品的自查和监管制度，包括要求平台注册商家主动公布产品安全性的监测信息。"

面对公众的维权举措，拼多多倒是没有回避，仍然对C组织的投诉反馈进行了积极回应和处理。不过,结果是拼多多依旧选择了以产品下架的形式来予以反馈,而对于 C 组织所提出的自查建议却迟迟未有回复。直至 3 月初,C 组织发现拼多多平台仍有多家店铺在没有提供任何检测合格信息的情况下,降价促销类似"小黄鸭"玩具品。C 组织认为这远未达到保护消费者权益和企业社会责任的目标,而恰逢 315 国际消费者权益日在即,C 组织便进一步选择了向政府投诉的行动策略,先后向上海市消费者权利保护委员会、上海市长宁区市场监管局进行了投诉和举报。

"……没有自查的下架是没有灵魂的,中间有宝妈收到了来自拼多多客服的反馈,说产品已做下架处理。但是我们后来发现有些先前下架的产品,又再次上架。如果只是仅仅采取像'下架'或'退款'这样被动且有限的举措,这问题等于治标不治本呀,这样上上下下车轮战,消费者没有精力,我们也耗不起。而且中间的投诉也是很无语,比如在线投诉,机器人听不懂;电话投诉,要求先给手机(即时)发送的验证码;电邮投诉,客服表示没有官方邮箱,说在线客服就相当于邮箱。刚开始还说我们的建议函没有收到,后来致电才又给个邮箱。"(2019 年 9 月 16 日与 D 女士的访谈)

投诉之后,上海市长宁区市场监管局很快就对 C 组织进行了积极回应,并承诺会对拼多多平台的小黄鸭类似的塑料玩具进行抽检,要求其完善平台自查和商品上架制度。更为有效的是,拼多多高级专员及时对 C 组织专门进行了致电,表示会进一步增加抽检的频次和力度,要求商家在上架此类产品前要出示 3C 的合格证书,希望双方能够线下见面,增强协商沟通。可以说,面向拼多多第二阶段的行动相对成功的结束。

鉴于前期拼多多监督所取得的经验,C 组织面向淘宝的行动则从一开始就并用了媒体披露、联合公众维权和借力政府三种行动策略,但是其具体措施却与拼多多有所不同。在媒体披露的过程中，C 组织依旧先做了产品第三方检测的步骤。不过，这次 C 组织对淘宝、拼多多做了一次综合调查，于 5 月底发布了《电商平台塑胶玩具化学品安全调查》报告，并将其中淘宝网购"小黄鸭"产品检测增塑剂超标问题，直接向淘宝在线客服、客服热线、举报中心反映。意想不到的是，此次行动 C 组织却遭遇了"职场滑铁卢"："我们向淘宝在线客服提出维权要求，但是淘宝在线客服表示我们的交易过了时效不受理，后来就联系了淘宝人工客服，让我们去淘宝全网举报中心上报。但是当我们在举报页面填写基本情况时，却不知道如何选择举报页面。你像有毒'小黄鸭'应当属于不合格产品，但是举报类型中主要是什么虚假交易、假冒盗版之类的，反正没有不合格产品这一项，所以最后很无奈，我们就选择了'出售禁售品'。更可笑的是，填写'小黄鸭'违法的原因，同样没有合适的选项，我记得我们就填了'毒品类'。你说这不是难为消费者么。关键最后，我们收到淘宝举报中心的反馈，说我们证据不足，举报不成立。可是我们是用的具有资质的第三方出具的检测报告，如果这个不能作为举报证据，我们应该用什么？"（2020 年 5 月 30 日与 M 先生的访谈）

似乎投诉过程在一开始就好像走到了死胡同，被迫无奈之下，C 组织一方面选择向当地市场监管部门举报，希望淘宝能够将毒玩具产品可以尽快下架与召回，保护儿童健康安全；另一方面，C 组织试图引起行业以及社会公众的关注，在其微信平台发布了一篇名为《致马云的一封道歉信》。需要指出的是，这并不是一封"真实"的道歉信，而是 C 组织以一种无奈的语气，表达对于淘宝平台责任缺失的不满与气愤。在《致马云的一封道歉信》中，C 组织细数了自己的"四宗罪"："对不起，是我们太笨，以为 3C 认证信息 100% 公开就可以阻吓不良商家；对不起，是我们无能，为小黄鸭送检把关可以让淘宝下架问题产品不行；对不起，是我们太自私，发现问题产品就要求下架，不肯给淘宝商家继续赚不义之财的机会；对不起，我们只是草根公益组织，根本不配给成立 16 年的淘宝提建议提要求。"

"当时之所以想到以这样的方式（发道歉信），是因为每个企业都应当有自己的企业文化，淘宝成立 16 年，马云是其中的核心人物，并且他积极投身教育和慈善事业，我们希望能够去影响这样一位企业的灵魂人物。有时候，我会抽时间去看马云传记，去了解企业家的思想。当然，不管马云看不看得到（道歉信），我们想发出声音。"（2020 年 6 月 9 日与 D 女士的访谈）

然而，这份道歉信在行业内引起很大的关注，并且得到多家网络媒体的转载，甚至有相当一批消费者自愿作为举报人，向淘宝平台投诉。6 月中旬，迫于媒体曝光的压力和市场监管协查后，淘宝终于采取回应，对涉事店家发出处置通知，要求问题产品下架，及限制发布新产品一周。在这一阶段，C 组织面向淘宝的监督行动随着淘宝"甩锅"涉事商家而暂时收场，但是行动远远没有止步于此，行动也与之进入了持久的拉锯战。

"店家是有责任的，因为它进货前没有做好产品质量筛查。但是平台上并不仅仅只有这一家店铺销售同类玩具，为什么不第一时间反思一下自己平台产品上架的规则，而是甩锅给涉事店家呢。其实，这又说回到我们一开始的组织使命和初衷，有毒化学品管理，电商只是一个切入口，我们希望能够影响上游生产者。"（2019 年 9 月 16 日与 D 女士的访谈）

（三）第三阶段：面向上游生产企业和电商平台的问责

根据中国《产品质量法》和《电子商务法》的规定，销售、生产增塑剂超标的"小黄鸭"生产企业、店铺经营者和电商平台其实均严重违法。在 C 组织看来，作为电商平台，应严格执行《强制性产品认证管理规定》，强制要求商户在销售网页主动出示儿童玩具 3C 认证信息和有毒化学品检测合格报告，并对其进行严格核查；而作为市场监管部门，应当依据相关法律法规，明确电商平台的监督责任，包括定期抽检产品、核查商户和产品资质，以及公开产品安全信息等。更重要的是，电商平台要尽快主动建立有毒产品的自查和长效监督管理制度，避免有毒有害物品流入市场。

电商平台企业通常位于供应链的终端，连接着商家、上游生产企业和消费者群体，并且是处于供应链上的重要核心企业。C组织原以为基于核心企业的传导压力有利于绿色供应链建设，但是实际上核心企业对化学品商品产业链条的规范性影响是相对有限的。这使得C组织回到组织初衷，一方面，开始尝试直接向"小黄鸭"上游生产企业施加压力；另一方面，从"小黄鸭"事件转向电商平台产品资质问责的行动。在这一阶段，C组织对于拼多多和淘宝的行动进行了整合，主要以采取政府投诉、联合公众维权的策略，并将"供应链驱动"作为努力的方向。

为了让有毒"小黄鸭"下架，对违法商家及电商平台进行调查处罚。C组织在2019年7月份就此前于拼多多、淘宝平台购买的有毒"小黄鸭"产品，通过借力其他地方政府，进一步向所涉商家经营者以及生产企业所在地的市场监督管理局举报反映。此次举报，共收到10份《处理举报线索告知书》，其中8份都不予立案，具体告知函的结果与内容如表6-1所示。

根据中国《电子商务法》第12条，规定电子商务经营者从事经营活动，依法需要取得相关行政许可的，应当依法取得行政许可。然而，从这十份《处理举报线索告知书》中来看，不予立案的理由主要涉及：一是当地市场监管局无法联系到店铺经营者；二是生产厂商出示了3C认证证书就认为没有不合格的玩具品；三是生产企业否认毒玩具是其生产的。这中间反映了电商平台监管不足，从而导致店铺谎报登记信息、提供虚假或者掉包3C认证证书，不仅导致有毒产品肆意蔓延至市场，危害更多的消费者，而且导致市场监管局执法困难。

表6-1　　C组织《处理举报线索告知书》的结果与内容

编号	发函单位	电商平台	被举报方	举报理由	结果	原因
1	JY市RC区	淘宝	店铺经营者	销售不合格产品	立案	属于我局管辖
2	JY市KG区	淘宝	生产厂家	销售不合格产品	将玩具厂标记为异常经营状态	1. 电话无法联系 2. 前往经营场所未发现经营迹象
3	ST市CH区	拼多多	店铺经营者	该厂生产的小黄鸭塑胶玩具增塑剂超标	不予立案	被举报方提供了3C认证证书
4	JY市RC区	淘宝	生产厂家	该厂生产的洗澡玩具属不合格产品，涉嫌违法	不予立案	1. 当事人未开办淘宝店铺 2. 该店销售的产品不是该厂生产的 3. 该厂未提供相应授权的3C认证信息给该店铺
5	JY市RC区	拼多多	生产厂家	该厂生产的小黄鸭不合格产品	不予立案	1. 当事人未开办拼多多店铺 2. 店铺所售小黄鸭不是该厂生产的 3. 该厂生产的产品符合国家有关规定
6	JY市RC区	淘宝	生产厂家	生产的小黄鸭产品没有3C认证标识	不予立案	1. 店铺所售小黄鸭不是该厂生产的 2. 该厂生产的产品符合国家有关规定
7	JY市RC区	淘宝	生产厂家	生产的小黄鸭玩具不合格产品，涉嫌违法	不予立案	1. 当事人未开办淘宝店铺 2. 该店销售的产品不是该厂生产的 3. 尚未发现该厂有违规行为
8	ST市CH区	拼多多	生产厂家	该厂生产的小黄鸭塑胶玩具增塑剂超标	不予立案	1. 现场未发现有投诉人所称的小黄鸭塑胶玩具产品 2. 无法对投诉的产品实施质量检测
9	JY市RC区	淘宝	店铺经营者	销售不合格产品	不予立案	无法找到被举报方
10	JY市RC区	淘宝	店铺经营者	销售未经3C认证的产品	不予立案	无法找到被举报方

资料来源：笔者调研获得。

　　"我们回过头还专门去查了购买商品的链接和店铺，发现店铺明明有放出 3C 认证的标识和生产厂家的信息，但是在 JY 市 RC 区市监局的回复中，表示生产厂家是有 3C 认证的，不予立案。那么，这其中更能暴露出问题，是不是所有具有 3C 认证的玩具品都是合格产品呢？如果市监局不依据实际检测信息来判定，而是只要商家说自己有（3C 认证），那么可能市监局也没有履行好责任。……但是更离奇的是，后来我们有志愿者到 JY 市 RC 区与市监局工作人员前往生产厂家查看，可是人家厂家说，店铺卖的不是他们生产的，是盗用他们 3C 认证的信息。你说荒谬不荒谬，等于电商平台啥都没干，虚假信息满天飞。"（2020 年 5 月 30 日与 M 先生的访谈）

　　于是，从当时仅有从淘宝取证且已被地方市场监管局受理的案件出发，C 组织开始卷入长达大半年的行政复议之中。① 其中一个案件，经 JY 市 RC 区市监局的多方调查最后以找到淘宝店铺实际经营者进行立案处理而告结。另一起案件，因 JY 市 KG 区市场监督管理局无法联系到玩具厂具体负责人，该玩具厂注册经营场所未发现个体工商户的经营迹象。C 组织便再次回到淘宝平台购买了此案中涉事淘宝店家的"小黄鸭"玩具，但仍被检测出增塑剂超标和没有 3C 认证的情况。最后，C 组织在 10 月底直接通过全国 12315 互联网平台对浙江淘宝网络有限公司进行举报。但是此次投诉，因法律法规未明确平台审查义务的程度及边界，最终以平台立案查处依据不足而不予立案（系杭州市余杭区市监局回复）。

　　"当真是草根惹不起呀……我们非常不服，淘宝对于有毒商

_____

① 需要指出的是，在第三阶段，C 组织面向拼多多的监督行动并不意味着停止了，在 2019 年后半年，拼多多与 C 组织进行了第二次线下协商会谈。但是因 2019 年 7—8 月《处理举报线索告知书》回应了 2 个立案案例是来源于淘宝的"小黄鸭"产品，因此 C 组织在后半年中陷入与地方政府行政复议的程序之中。

品审核未尽安全保障义务，连 JY 市市监局都已立案处理，这是表明违法事实明确。而且你在工商登记注册、产品认证之类方面没有承担起责任，可这些都是在法律文件中有规定的。前面我们与 ST 市的、JY 市监局都折腾那么久了，现在不怕，我们有证据，我们就是凭着良心，凭着法律支持，我们要和你（淘宝）干下去。"（2020 年 6 月 9 日与 D 女士的访谈）

在 2020 年 1 月 2 日，C 组织向杭州市市监局提出行政复议要求，希望余杭区市监局可以切实承担起产品质量监管职责，对电商平台加强监管。同时，面对之前余杭区市监局所提出的"平台审查义务程度及边界问题"，C 组织通过联合公众的策略再次积累证据。其间，C 组织并就"零星小额交易"① "店铺工商登记注册""淘宝资质审核责任"进行了面向社会大众的问卷调查。更有意思的一个发现是，由于前期 JY 市对涉事淘宝店家以及玩具生产商进行处罚，C 组织便借用其他地方政府规制的先例来督促杭州市市监局尽快行动起来。在 C 组织看来，面对同样的违法行为，法律的适用情形和标准应该是公平公正、保持一致的，加上已经有先前判例，这对于杭州市市监局具有指导意义。而就在 2020 年 4 月 1 日，C 组织终于收到了杭州市余杭区司法局参加行政复议的通知书，通知书上明确表示将"追加浙江淘宝网络有限公司作为第三人参加行政复议"。至此，电商问责终于迈出关键性一步，但是这场来自 C 组织"为电商'去毒'"的故事仍在继续。

---

① 由于在《电子商务法》中，规定个人从事"零星小额交易活动"不需要办理市场主体登记。但对于零星小额交易的标准，法律并没有明确界定。所以 C 组织以店铺销售量 4000 件作为标准，面向公众进行了意见征集和调研。调查发现：71% 的读者认为"4000 件"的销售量已经超过了零星小额交易的标准，另外有 80% 的读者认为，儿童玩具质量事关重大，销售的店铺必须有工商登记。

四　比较分析

基于上述行动过程的详细分析，我们对案例中 C 组织涉及的具体行动策略进行了整理，图 6-1 呈现了 C 组织影响拼多多淘宝平台企业社会/环境责任建设中行动策略随时间演进所呈现出的差异化特点。尽管 C 组织面向两家平台型企业都是采用对抗主导型策略，但是可以看出 C 组织在施压过程中具有较好的适应性，能够根据不断变化的情形及时做出理性的分析判断，在不同阶段运用了不同的具体策略组合。从历时性的组合来看，对于拼多多而言，C 组织采用的对抗性策略具体包括：产品检测披露、企业正面沟通、公众理念宣传、发布调查报告、联合公众维权、企业平台投诉、消费者平台投诉、市监局投诉、涉事商家/厂商在地市监局举报、线下协商等；对于淘宝而言，除了以上所包含的行动策略（线下协商除外），C 组织还对其发布了企业领导公开信，乃至提起了行政诉讼。此外，C 组织对于两家企业的策略施压强度也在不断进行动态调整，不难看出，从第一阶段到第三阶段，C 组织面向拼多多的施压强度可谓呈现出递减效应；反观，淘宝所面对的策略压力增长效应较快，压力强度不断增大。那么，在 C 组织与拼多多和淘宝都不存在任何依赖关系的情况下，是什么影响了 C 组织的决策情形变化以及策略调整？何以 C 组织面向两家企业的施压强度呈现如此明显的差异？

淘宝网对于中国用户来说是很熟知的购物平台，其成立于 2003 年 5 月 10 日，由阿里巴巴集团投资创办。目前，淘宝网已是亚太地区最大的网络零售平台。截至 2019 年 6 月 30 日，淘宝的移动月活跃用户达 7.55 亿人，年度活跃消费者达 6.74 亿人。根据极光大数据《2018 年电商行业研究报告》显示，淘宝网在用户评价、用户粘性、用户价值、双十一情况、用户画像等多方面

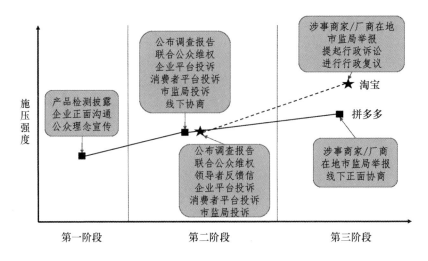

图 6-1 C 组织影响淘宝和拼多多平台类企业责任的策略调整与施压程度

均占据龙头地位。① 经过近二十年的发展，淘宝网不论是在商户规模上，还是在用户使用人数方面都在国内电商平台位于第一位，而且随着市场需求的演变和企业商业创新模式的迭代升级，淘宝网融入了销售、网络直播带货、公益捐助等多种综合性的互动板块和交流社群。加之，淘宝作为阿里巴巴旗下重要的子公司，是杭州市乃至整个浙江省非常重要的民营企业。不过相较于淘宝多年的稳扎稳打，拼多多可谓是当下中国众多电商平台中崛起的一匹黑马。"拼多多"成立于 2015 年 9 月，仅仅两年的发展，拼多多就成为仅次于淘宝和京东的国内第三大电商平台。与淘宝所坚持的社区化、内容化和本地生活化战略不同，"拼多多"借助近些年微信、微博等网络社交软件的普及，通过发起社交团购②的销售

① 极光大数据：《剁手绵绵无绝期：2018 年电商行业研究报告》，2018 年 12 月，（https://sdkfiledl.jiguang.cn/public/2e451437038946399eee0a056948e74c.pdf）。

② 所谓社交团购销售模式是指：商家确定团购的规模和商品价格，消费者利用自身的社交网络关系发起团购行为，以获取价格实惠和超值的产品与服务。在这个过程中消费者为了拼团自觉为帮助商家推广宣传，买家则在为了达到拼团中以更低的价格获得相应的商品。详见郑刚、林文丰《拼多多：在电商红海中快速逆袭》，《清华管理评论》2018 年 9 月。

模式来实现买方和卖方双赢。2018 年 7 月 26 日，"拼多多"在美国纳斯达克上市，上市之后，"拼多多"开始采取多项新战略，包括百亿补贴、引入国际顶尖品牌及拼现金等模式，但仍然以抢占市场份额为主。在新战略驱动下，拼多多 2019 年度活跃用户方面达到了 3.855 亿人，超过京东的 3.052 亿人，成为中国第二大电商平台。① 虽然淘宝与拼多多在成立期限、组织规模上有所不同，但是二者都属于电商类平台型企业，且都处于供应链的终端环节。应当说，两家企业在静态结构要素上面具有诸多相似性，因此如果从静态结构试图解释 C 组织影响两家平台型企业环境责任建设的策略施压程度差异，可能并不具有说服力。这需要我们进一步深入案例的过程叙事，去发现"结果差异的原因"。

而如果当我们进一步对案例进行过程分析，在环保组织使命坚守的情况下，会发现环保组织对于企业环境行为表现的感知判断构成了这种结果差异的重要原因，而这种企业环境表现感知变化的衡量机制就是基于企业回应性的判断。甚至于，这一点在 C 组织行动开始行动对象的选择中更是得到进一步印证。如上所述，拼多多这几年处于市场扩张期，在激烈的电商平台竞争中，唯有抢占更大的市场份额，吸收庞大的用户粉丝，才能创造更多的网络规模经济。相对于淘宝而言，淘宝起步较早，在电商平台中可谓具有"先发优势"，加上与阿里巴巴旗下其他平台的融合，如网上支付系统——支付宝，淘宝已经是一个成熟的电子商务生态系统，这进一步加强了用户对于平台的粘连度。因此，为了保证在项目起步阶段能够顺利进展，C 组织必须先基于自身能力评估选择合适的行动对象。"其实对于一个刚成立的组织而言，第一步如何走是非常关键、很不容易的。因为一旦项目失败，可能会影响到组织的进一步发展，甚至走向夭折，这使得我选择从哪

---

① 谭素仪、周雨倩、殷铭：《基于生态位视角下电子商务平台战略动态演变——以拼多多为例》，《物流工程与管理》2020 年第 3 期。

切入是必须认真考虑的事情。我与我的同事在确定具体的电商平台企业时，商量了好久，我们是选择淘宝、拼多多，还是京东。但是当具体行动时，我们还是斟酌了很久，因为我们组织也是成立没多久，组织的能力也有限，所以当时只能把资源和精力放在一家平台上。一来先试一下，我们的努力是否会有回应，会不会有什么预期效果，二来也是考虑组织发展现状。最后，拼多多就成了我们第一家行动的……怎么说呢，其实并不是我们好像刻意针对拼多多，只是当时我们能力所限，觉得拼多多与组织能力相符，它也处于扩张期，这几年被媒体曝出不少问题，（2018 年）7月份又刚上市，所以它应该会对'问题'比较敏感。如果组织（C）有能力，我们会覆盖更多的平台，这是我们的组织使命，而此时，这是我们迈开腿的第一步。"（2019 年 10 月 20 日与 M 先生的访谈）

而在具体行动中，诚如 M 先生所言，在案例第一阶段，拼多多面对 C 组织的质疑，立马对有毒"小黄鸭"产品下架处理，而没有选择逃避问题和推延工作；在第二阶段，虽然拼多多在自查制度方面并未给出满意的答复，但是面对 C 组织借力政府的施压，其相关工作负责人专门向 C 组织进行了致电，并在第一时间启动全面排查工作，升级了整个"小黄鸭"类玩具品的治理力度，强制要求此类商品上架前提供 3C 认证证书。截止到 2019 年 3 月底时，拼多多下架了类似"小黄鸭"不合规塑料玩具链接超过 2 万条；在第三阶段，C 组织仍然在积极推动拼多多对产品资质审核的责任，并要求及时公布平台排查结果的信息，双方也开始转向线下的协商沟通。反观，经第二阶段，C 组织将行动对象扩展至淘宝开始，淘宝对于 C 组织的回应性极慢，基本处于消极应对的状态。直至在《致马云的一封道歉信》所引起的舆论压力，以及来自部分消费者的投诉后，淘宝平台才开始被迫解决问题。但从结果来看，淘宝仅仅对涉事商家进行了处罚，要求其下架问题玩具品，但是并未对其他出售类似商品的店家或者同类性质产品采取措施，也未对平台玩具品进行必要的抽查和质量检测，行动最终以"甩锅"涉事店家而结束。在第三阶段，C组织直接就淘宝平台责任提起行政诉讼，从C组织单方面而言，这是推进电商问责的关键一步，但是就最终淘宝本身是否会在下一步采取积极行动，仍未可知。

　　正是面对拼多多和淘宝不同的回应态度和完善举措的实质效果，C组织针对两者的监督压力也呈现出差异化的特点（如图6-2所示）。由于拼多多自始至终的回应性较高，因此C组织对于拼多多的施压处于中等程度，并且在后续中已有转向常态化动态协商的趋势。但如果拼多多没有落实相应的举措，仍可能面临来自C组织更大的施压。反观之，淘宝一直处于回避和推卸责任的态度，回应性较低，且尚无任何实质性举措，故而C组织对于淘宝的施压逐级升高，进入行政诉讼和行政复议的环节。

图6-2　企业回应性感知与环保组织施压程度的关系

第三节　不同主导型行动策略之间的动态转换

　　D组织是一家以信息公开助推中国企业绿色转型和环境治理的民间环保机构，自成立十多年以来，D组织一直致力于收集、整理和分析政府和企业的环境信息，并利用这些公开的环境数据服务于政府监管、绿色采购和绿色金融以及公众参与，通过多方合力来撬动大批企业践行环境责任、实现环保转型。"为时尚清污"是D组织于2012年发起的推动纺织品牌在华供应链绿色转型的项目，项目至今仍在进行中。在接下来的内容中，我们将详述 D 组织如何推动时尚品牌企业进行绿色供应链建设的行动过程，并竭力呈现出情形变化与主导型策略的调整。

一　案例背景介绍：为时尚品牌"清污"

纺织工业一直是中国的优势产业之一，也是支柱型产业。据统计，2018 年中国的纤维加工能力达到 5460 万吨，约占全球纤维加工量的 50%；在纺织加工能力上，中国纺纱量超过全世界的一半，其中色纺纱超过 90%；织布量也超过了全世界的 50%，其中色织布超过了 60%。在整个服装、家纺、产业用三大最终消费品的加工规模上，中国的服装加工量超过了全球的 30%，家用纺织品的加工量超过了全球的 40%，产业用纺织品达到了全球的 40%。[①] 由此可见，即使在全球产业价值链条中，中国的纺织产业同样占据着重要席位，甚至可谓是全球纺织业的"世界中心工厂"。然而，纺织业作为劳动密集型和资本密集型的产业之一，在对中国劳动就业和经济发展起到推动作用的同时，与纺织业相伴的水污染问题却一直是国家环境治理的难题。生态环境部最新公布的《中国环境统计年报》（2015）显示，在 2015 年调查统计的 41 个工业行业中，纺织业的化学需氧量排放量位于第 4，总废水排放量位于第 4，年排放约 18.4 亿吨废水。[②] 纺织行业的工业企业仍然是国家重点监控的对象。

虽然国家为了治理纺织业的水污染问题以及促进纺织染整工业生产工艺和污染治理技术的进步，采取了一系列举措，并且专门颁布《纺织染整工业水污染物排放标准》（GB4287 - 2012），对纺织染整工业企业生产过程中水污染物排放限值、监测和监控

---

① 陈楠：《中国纺织业的现状与未来》，《纺织科学研究》2019 年 12 月。
② 生态环境部：《各地区建设项目环境影响评价执行情况》（一）（http://www.mee.gov.cn/hjzl/sthjzk/sthjtjnb/201702/P020170223595802837498.pdf）。

做出了要求。但是囿于政府监管资源的有限、执法力量的虚弱、产业生产环节的分散、厂商环境违法成本较低等因素，纺织行业中工厂重复违规排放的行为仍然频频出现，难以有效制止。正是在这样的背景下，D组织为了推动纺织行业的绿色转型，形成以推动绿色供应链项目为抓手的环境管理思路，试图借助市场化的力量，让一些国内外知名品牌企业参与到在华供应商的环境监管当中。供应链本身是围绕产品生产分工而形成的企业与企业之间的链式结构，其包含了从原料供应商到最终产品面向用户的全过程。而随着市场竞争的白热化，如今供应链之间的竞争已经逐渐超越了原有单纯企业之间的竞争，任何企业都需要积极融入供应链管理中，共同承担链上的风险与责任，唯有如此才能实现整个供应链价值的最大化。[①] 然而，区别于传统的供应链管理所强调的整合、优化和协调，进入21世纪以来，绿色供应链管理成为供应链管理的最新发展方向。[②] 绿色供应链管理试图将环保意识融入供应链的全流程管理中，要求在产品的设计研发、原材料采购阶段就遵循环保的规定，减少供应链每个阶段都会产生的废弃物与环境危害，从而提高资源利用效率，推动全社会的可持续发展。[③] 而始于2012年的"为时尚清污"项目，便是D组织在纺织行业发挥社会力量参与绿色供应链建设的一次有力尝试。

二　D组织的基本情况

D组织是一家在北京注册的公益环境研究机构。自2006年6月成立以来，D组织秉承着以推动信息公开、促进多方参与、找

① 李弘、王耀球、刘洪松：《基于企业社会责任的供应链利益相关者关系研究》，《物流技术》2011年第9期。

② 张毅、马冉：《面向供应链的ENGO跨部门影响战略与驱动机制》，《中国行政管理》2017年第6期。

③ 顾志斌、钱燕云：《绿色供应链国内外研究综述》，《中国人口·资源与环境》2012年第S2期。

回碧水蓝天的使命，一直致力于以公开的环境信息作为推力，发掘企业、公众等多方力量的潜力，促进中国环境治理的理念传播和绿色中国社会的转型。D 组织目前已开发了国内首个"中国水污染地图"和"中国空气污染地图"，搭建了环境信息数据库和蔚蓝地图网站、蔚蓝地图 APP 两个应用平台，全面收录了全国 31 个省（区市）、338 个地级市政府发布的环境质量、环境排放和污染源监管记录，以及企业基于相关法规和企业社会责任要求所做的强制或自愿披露。截至 2019 年年底，蔚蓝地图数据库中涵盖企业数量实现 287 万家的增量，达到 609 万家，企业监管记录录入量达 37 万条以上，监管记录突破 160 万大关。与此同时，2019 年数据库增加了标杆企业数据、安全监管数据、个人监管记录等数据类型，数据类型总数达到 40 种以上。D 组织当前共包含了三个核心领域的基础项目，分为绿色供应链、绿色金融和环境信息公开指数（PITI）评价。绿色供应链旨在通过市场机制的手段，通过与供应链上的核心企业展开合作，共同将绿色责任理念传递至供应链上的各个节点企业，督促其减少大规模的污染排放，否则将减少或者拒绝对于污染型企业产品的采购；绿色金融则是借助银行、保险公司以及上市公司的力量，督促其严格规范绿色信贷业务，从源头上约束污染型企业的环境行为；环境信息公开指数评价则是致力于推动政府环境信息公开，促进公众环境参与行为，提升政府环境治理绩效。

发展至今，D 组织的组织规模已达到 100 人左右，可以说是国内非常成熟和具有影响力的知名环保组织。机构现设有名誉理事长 1 名，理事长 1 名以及理事若干名，监事会负责检查公司财务，并对理事长、理事执行中心职务的行为进行监督。此外，D 组织下设了主任办公室以及 4 个行政部门和 4 个业务部门，分别负责组织的日常宣传、财务、人事和行政工作以及具体业务的落地（组织结构如图 6 - 3 所示）。十多年来，D 组织一贯重视环境

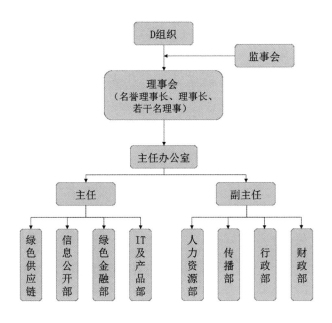

图6-3　D组织的组织结构

公益人才的培养与储备，不仅组织的人才结构渐趋合理化，员工的专业化水平不断提升；而且组织采取多项措施，为人才提供平台和发展空间，针对员工在管理、专业知识、自我价值实现等方面的需求，有意识地、更为精确地满足。作为一家已经成熟型的组织机构，组织发展的资金来源来自国内外多家基金会的支持，如北京市企业家环保基金会、爱佑慈善基金会、洛克菲勒兄弟基金会、自然资源保护协会等等，除此之外，政府部门及相关公益组织也对组织发展提供了各方面支持。因此，就D组织而言，不论在资金来源，还是治理结构（没有连锁董事）上，与任何一家企业都是非依赖关系，组织活动具有自主性。

三　D组织的行动过程

其实早在2007年，D组织为了推动绿色供应链管理，就尝试与国内一些环保组织展开合作，并于当年建立一个环保组织之间的联盟，名为"绿色选择倡议"。该联盟的核心目标旨在通过建立行业内第三方独立的环保信息数据库，以借助媒体披露、信息公开、公众参与的方式来调动各社会相关方参与到绿色供应链管理中来，从而减少企业的环境污染，提升企业的环境绩效表现。而绿色选择倡议联盟的重要影响方式就是通过透明、参与式的方式对中国制造企业的环境表现进行独立跟踪调查和审核，倡导供应链上的采购方不使用污染企业作为供应商，进而倒逼污染型企业加强环境管理。2012 年，D 组织将目标锚定在纺织行业，期望通过与供应链上的国内外买家合作，推动在华纺织企业的绿色供应链建设。

（一）第一阶段：行业调研与知名品牌商的正面沟通

行动伊始，为了更好地了解在华纺织产品制造商的分布现状，D 组织首先依据中国污染地图数据库对收录在系统中有过环境违规超标记录的企业进行了分析。发现截至 2012 年 2 月底，仅数据库收录的纺织企业违规就超过 6000 条。这些企业大多分布在中国东部沿海城市，一些企业因频繁被曝出纺织废水排放事件，屡次被地方环保部门列入企业环境信用评价的重点监控名单。根据数据库所收集的环境违规记录来看，这些通常被列入监控名单的纺织制造商，其违规超标细节主要包括：超标排放废水废物、私自设置污水排水管道、肆意使用不合格生产设施、缺少污水处理设施等等。依循着信息公开的数据，D 组织很快便从数据库中锁定了若干家被当地政府列为红牌或黑牌的企业，对其进行实地调研。① 这次调研不仅让 D 组织见识到一些企业十分猖狂的违规行

①　地方环保部门在对企业的环境信用等级评价中，通常会对污染严重的企业给予红牌或黑牌。其中红牌代表差，意味着企业做了控制污染的努力，但未达到国家或地方污染物排放标准，或者发生过一般或较大环境事件；黑色代表很差，意味着企业污染物排放严重超标或多次超标，对环境造成较为严重影响，有重要环境违法行为或者发生重大特别重大环境事件。

为，不惜私设暗道进行偷排以应付日常环保检查；而且还发现在产业分工的格局下，以印染、整理为主的纺织原材料加工部分更是成为纺织行业中水耗、能耗高，污染排放量最大的环节（如图6-4所示），而且这些材料供应商或多或少都与国内外一些知名的服装品牌具有供货关系。

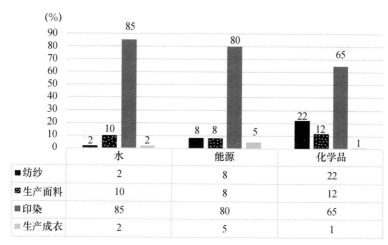

(%)	水	能源	化学品
■纺纱	2	8	22
▨生产面料	10	8	12
■印染	85	80	65
▨生产成衣	2	5	1

■纺纱　▨生产面料　■印染　▨生产成衣

图6-4　纺织品生产不同环节中水、能源和化学品消耗情况（2012）

尽管近些年，在政府、公众和纺织工业协会等机构的共同努力下，倡导多数纺织品牌和大型零售商制定自己的可持续采购政策。然而，目前知名品牌商在绿色供应链管理上基本处于停滞状态，绝大部分品牌方仍然将其与企业经营模式切割开来，认为供应商不属于企业管理范畴；一小部分品牌企业虽然开始推进对于上级供应商的定位要求，但是仅处于供应链相邻节点，如成衣加工厂，但是在上级供应商的深入节点却知之甚少，这与它们各自所宣称的企业社会责任承诺是极其不符的。为了推动大型品牌企业做出绿色选择，D组织在实地调研的基础之上，对数十家知名品牌方的商品供货链条进行梳理，并初步整理了所在供应链上超标违规的材料供应商和加工厂，最终向 49 家中外服装品牌展开正面沟通。在邮件的沟通中，D 组织表达出了如下愿望："企业环境责任一直是企业品牌声誉和市场竞争力的重要组成部分，希望品牌方能够加强对于自身所处供应链的管理，并对供应链中存在环境违规、环境污染的厂商和公司进行审查和监督，共同推进中国绿色纺织行业的发展。"

不过，在提示信发出之后，49 家品牌的回应态度出现了明显分化。一部分品牌商，如沃尔玛、阿迪达斯、博柏利、H&M、NIKE 等在收到邮件后，表现出十分积极的态度，不仅对中国环境保护工作和环保组织的参与表达了支持，而且它们在第一时间身体力行，对邮件所提出的建议执行落地，主动对存在问题的供应商进行审核，督促其加强环境管理。应当指出的是，这些表现较佳的企业并不是一种巧合，而是在访谈中发现，它们与 D 组织在此之前就有过交流互动。"像耐克、H&M 这几家企业呀，在我们发起这个项目之前（2012 年）其实就有过一些初步的互动，也就是我们之前说到的那个绿色选择倡议联盟，大概从那个时候起，我们刚开始推绿色供应链项目，它们就参与其中，所以不得不说它们也是在国内走得比较早的一些品牌企业了，之后也断断续续的有些互动。所以这么看，前期的一些互动还是挺有必要的。"（2020 年 10 月 11 日与 S 先生的访谈）我们可以从部分品牌企业的回复中就可得以窥见，如李维斯就表示："D 组织自主开发的环境信息数据库对于其搜寻、定位问题供应商提供了重要数据支撑，极大地便利了信息搜寻的成本，可以更好地发挥监督作用。"此外，一部分品牌虽然 D 组织在此之前从未交流过，但是依然能够在较短时间内给予回应，如 C&A、GAP、李宁、优衣库等。当然除此之外，还有一大部分品牌其实在 D 组织初次沟通后仍然保持未予回应的状态，如 Kappa、迪士尼等。由此，我们可以看到，D 组织面向知名品牌方的督促实际上出现了三个梯队的回应情况，即积极状态、一般状态与消极状态。这导致 D 组织在之后的行动中开始多措并举，根据监督对象环境行为表现的不同形成不同行动举措。

（二）第二阶段：持续性跟进与品牌环境信息公开披露

为了推动 49 家服装品牌在华供应商管理落实，D 组织于 2012 年 9 月又再次对各个品牌方进行了持续跟进，询问其是否就材料供应商的管理问题采取了举措。结果除了 22 家品牌企业有所行动之外，仍有 27 家企业保持忽视和回避的状态。于是，在 2013 年 D 组织开创了面向纺织品牌的"企业环境信息公开指数 CITI"评价，试图在对企业环境责任表现评估的基础之上，对品牌方的环境信息公开及其供应链管理进行媒体披露。

如下表所示是 D 组织所建立的"企业环境信息公开指数评价表"（如表 6-2 所示），设置了沟通互动、合规守法、延伸绿色采购、数据披露和责任回收等 10 项评级指标，每一步都是由易到难、由浅入深。如整理品牌企业的回复状况以及是否知晓对此次行动的背景，旨在告知行动对象 D 组织的行动目的，让其更加关注于企业环境供应链的问题；统计品牌企业对于供货商环境行为表现的调查，主要是督促品牌方了解自身供应链上问题工厂的分布现状和问题表现；调查品牌企业是否开始推动绿色供应链管理，则是希望其能够主动迈出行动一步，主动识别供应链违规问题，建立规范化、常态性、可持续的管理检查机制；而评估供应商是否做出整改以及主动进行环境信息公示，则是希望各品牌企业能够借助供应链的传导压力，如绿色采购来倒逼供应商重视绿色生产，提升企业生产过程中的环境标准，同时做好信息公开，便于社会监督；最后，询问品牌企业是否尝试推动环境管理向供应链深入延伸，则是评估各品牌方在向二级供应商、三级供应商乃至于材料供应商监管方面所做的努力。特别是服装产业分工细致，包含多个生产环节和工序，如果品牌方的供应链驱动能够向深入延展,则可以更好地控制自身供应链条的主要环境风险。在对这些项目信息调查和评估的基础之上,2014年7月,D组织首次发布了CITI评价结果,可以说作为国内第一个基于品牌在华供应链管理表现而制定的量化评价体系,环境信息公开指数对纺织行业的品牌构成了一种外部的规范性压力,更多的品牌也开始与D组织逐步展开沟通,并试图建立基于污染地图数据的供应商检索机制。这一点在2014年11月的统计数据中可以看出来(见附录2),在D组织当时尝试沟通的52家纺织品牌中,已有38家与其建立沟通,23家建立供应商检索机制。值得一提的是,其中有19家企业已经主动表示愿意推动供应商与D组织探讨解决环境问题,7家正尝试推动供应商主动披露排放数据。

表6-2　D组织建立的纺织行业品牌企业环境信息公开指数评价表

客户企业名称	回复收到与否	了解背景情况	跟踪供货商超标记录		推动用公开信息加强供应链管理		推动供应商作出整改并公示环境信息		推动环境管理向供应链深入延伸	
			初步检查	深入调查	考虑建立检索机制	决定建立检索机制	推动供应商公示或整改	定期公布排放数据	直接延伸到主要材料供应商	推动一级供应商检索二级供货商

(三)第三阶段:技术升级、多方联动与行动策略分化

在环境信息披露的基础之上,D组织又紧跟时代潮流,开始进一步推动组织的平台数据库技术升级。我们知道,2010年之后移动通信迅猛发展,手机迭代升级的速度不断加快,很多原先的按键式手机也开始向触屏手机转型,手机成为公众日常生活中不可或缺的部分。在这种情形之下,D组织为了进一步推动公众环境参与、促进中国环境信息公开,率先开发了国内第一个环境信息公开的手机应用"蔚蓝地图"。"蔚蓝地图"实际上是在之前D组织的两个在线数据库的基础上进行了技术整合,开始向公众提

供空气质量数据和企业排放的相关数据。公众可以利用手机更加便捷、随时随地获取和了解身边空气质量、水质量和排放污染物企业信息。如果公众发现身边有污染现象，可以第一时间取证上传至平台，还可以把污染信息通过社交软件快速分享至聊天网络社群之中，如 QQ 空间、朋友圈、哔哩哔哩、新浪微博等，从而极大地扩充了公众参与的社会影响力，降低了公众参与的成本。当然，这个手机应用的初衷也是能够更好地提升供应链环境管理的效率和效能，基于数据平台，链接品牌、公众、政府和供应商，可以协助品牌有效跟进海量数据，管理其供应链的环境表现。如图 6 - 5 所示，呈现了 D 组织借助"蔚蓝地图"助力品牌高效管理供应链环境风险的治理模式。平台治理思路的核心在于，一方面，通过平台汇集全国各地级市环境部门的监管记录、公众投诉举报和在线监测数据，形成一个宽口径、统一化和即时反馈披露的信息监管平台；另一方面，通过平台信息协助企业判断自身的环境表现或者供应链上企业的环境表现，形成一个基于平台的闭环治理结构。一是平台可以主动将环境记录信息时时推送给各利益相关方；二是品牌方也可以依据平台检索供应商环境监管记录、识别污染治理的主体责任和追踪整改进展；那么，供应链上的整改信息也会及时反馈至平台，便于 D 组织、政府和品牌方了解治理效果。

不过，在技术升级的同时，D 组织影响品牌方的行动策略也随着之前各家企业回应态度的差异出现了分化。第一，对于积极回应，且表示愿意合作的品牌，D 组织开始与其转向了常态化的合作。这些做得好的品牌不仅履行好自身的职责，而且在监督问题供应商整改方面取得显著成效，并助推上一级供应商乃至更进一步的上游供应商加强绿色管理。当然这一点从现阶段的实践效果上仍然欠佳，"供应链越长，其实供应链的关系就会越复杂，数量也会越来越庞大，而且品牌企业与越往前的供应商之间实际

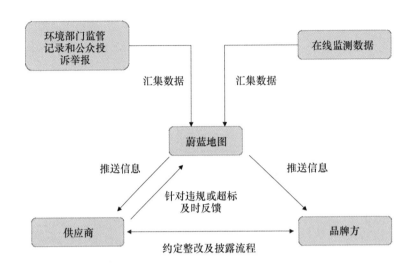

图 6-5 "蔚蓝地图"助力品牌高效管理供应链环境风险的治理模式

上没有直接的合同关系，所以人家完全可以不在意你的影响。所以这个项目进行到今天，我们与一些积极的品牌合作进入一个困境，就是越往前越推不下去了……我们现在也在转换思路，就是做主要材料供应商的监督，同时协助品牌从一级供应商检索二级供货商的环境表现"（2020 年 10 月 11 日与 S 先生的访谈）。第二，对于一般回应，但是缺少主动意愿的品牌，D 组织仍然在不断地进行沟通和倡议，希望这些品牌方能够使用好污染信息检测的数据库，定期对于供应商的环境表现进行检索、评估和比较，并且对于存在表现不佳的供应商，应当切实推动其进行整改。第三，对于消极回应的品牌，D 组织一方面通过媒体披露，持续地向品牌企业施加压力；另一方面，则向消费者传达呼声，希望消费者能够切实地参与到品牌企业绿色责任建设中，增加对于那些环境行为表现良好的品牌企业的支持，而对于那些环境行为表现较差的品牌企业减少消费。

如今，D 组织发起"为时尚清污"的项目步入第八个年头，已经成为 D 组织的品牌项目。其所开展的企业环境信息公开指数披露供应链污染情况的环境治理思路更是得到了政府部门的高度肯定和国内数十家环保组织、基金会的大力支持。截至 2019 年，D 组织绿色供应链的评价范围从 2 个行业的 118 个品牌扩展到 19 行业的 440 个品牌，环境监督涉及 IT、纺织、食品饮料、皮革、化学品、采矿、建筑、污水处理等多个领域，希望未来这种影响力能够一直延续下去。

四 比较分析

与我们看到的 C 组织"为电商去毒"的案例有所不同，C 组织的行动从总体上表现为对抗主导型的策略，更多地是在非依赖—非兼容情形之下具体行动策略的变换，本质上环保组织与企业之间仍然处于彼此对立的立场；而在 D 组织的"为时尚清污"的项目中，D 组织随着与部分企业行动情形的转换，D 组织经历了从"对抗主导型策略"向"合作主导型策略"的变化。这其中的一个关键点就在于既定的非依赖关系之下，D 组织与部分企业的兼容性发生了根本性的转变，从"非兼容性"走向"兼容性"。

在 D 组织面向四十多家品牌企业行动中，这些品牌企业都处于服装行业，同时也都位于供应链的终端，尽管存在企业性质、企业规模等方面的差异，但是它们大体上具有高度的相似性。回顾案例的行动过程，不难发现，各品牌企业的环境行为表现构成了 D 组织决策情形转化的重要影响因素。在行动之初，D 组织的具体行动策略主要以正面沟通和媒体披露为主，然而行动中由于不同品牌方回应态度的积极性和回应的实质性举措导致 D 组织对于各品牌企业的环境行为表现出现不同的判断分化。积极回应，且有合作意愿的企业，D 组织与其关系从对抗走向了合作，双方在绿色供应链建设更为深入互动；而回应一般或者回应消极的企业，D 组织却至今与其处于对抗阶段，不断加大媒体披露力度、动员公众参与、倡议消费者用行动来对品牌方施加压力。案例充分呈现了三种企业环境行为表现的情况，对于我们理解环保组织与企业合作的条件提供了支撑。第一，如果企业环境表现无论是在态度上，还是在实质性举措上都过于消极，那么环保组织与企业的情形状态将持续表现为对抗关系。如玛莎百货曾在其企业 A 计划战略中提出过一百个承诺，承诺"解决关于零售商可能面临的环境、社会、动物福利等问题，内容涵盖了企业的日常操作、供应链以及消费者及商品的各个过程"。但是当面对 D 组织的正面询问时，却自始至终以回避的态度应对，D 组织也会在历次行业报告中"点评批评"，持续披露玛莎百货的环境行为表现。第二，如果企业仅保有回应态度的积极性，而缺少实质性的举措回应，那么环保组织与企业的情形状态仍表现为对抗关系，但是可能在具体策略压力程度上会有所调整。如优衣库在 D 组织联系之后，虽然初次沟通回复很积极，并承认他们有一个供应商有监管记录，但是在其积极回复之后，实际上 D 组织没有发现优衣库采取任何实质性举措。D 组织也担心这是企业为了一时应对问题而做出的权宜性调整，如今优衣库仍然是组织第三方评估的重要品牌之一。第三，事实证明，唯有企业积极的回应态度和实质性的回应举措同时满足，才能构成环保组织判断企业环境行为表现转变的重要衡量机制，促使环保组织与企业兼容关系的根本转换。例如，彪马是 D 组织打交道中特别有意思的一个例证，在 D 组织初次沟通之后，彪马一开始表示没有收到信件，待 D 组织再次发送邮件之后，彪马则试图以不是其供应厂商为由搪塞过去。随后，当 D 组织督促彪马尽可能使用组织开发的环境信息数据库来检索、审核和管理供应链时，彪马表示会采取后续措施。什么样的结果呢？根据 D 组织 2014 年纺织行业品牌环境信息公开指数评价结果来看，彪马的环境表现良好程度一下跳跃至前 10 名。可以看出，虽然彪马一开始互动中的态度是相对一般的，但是自始至终确实回应态度积极，并且在 D 组织提出建议之后，还能够及时落地和执行。这种彪马回应性的转折实际上也使得 D 组织对其环境行为表现的判断发生改变，促使其与 D 组织也转向合作关系。不过有意思的是，除了彪马这种明显转型的案例，从经验材料的分析中，仍然可以发现 D 组织在一开始就遇到一些态度积极且具有实干派的品牌企业。如 H&M 在第一次邮件交流之后，就主动使用数据库来进行供应链管理，并且表示愿意督促其供应商的厂商进行相关信息数据的公示；沃尔玛在 D 组织正式沟通之后，除了积极回应，此后几年它专门形成了自己的供应链管理制度，每个月都会在 D 组织数据库的基础之上对其供应商进行检索。值得欣喜的是，沃尔玛的努力收效显著，许多供应商都主动陆续进行了环境信息的披露；阿迪达斯则更为出色，将绿色供应链管理传导至材料生产环节。但是这些品牌企业能够表现出色并非偶然，主要是它们在此之前与 D 组织以及绿色选择联盟的其他成员有过交流。因此，我们可以得出这样一个观点，即环保组织与企业过往的良性互动对于环保组织与企业关系的兼容性转变具有促进作用。

除了我们在横向上展开对比之外，我们也可以从供应链管理上的企业进行纵向对比。绿色供应链建设核心理念在于将环保理念贯穿于供应链管理的全流程当中，就此次纺织行业的供应链而言，意味着从"原料生产商—材料加工商—供货商—品牌方"这样一个简约的链式环节中，每一个环节的企业都需要注意降低产品对环境的副作用。但是如果细心发现，环保组织推动绿色供应链建设中所锚定的各节点企业的环境责任有所不同。以 D 组织"为时尚清污"项目为例，在该项目中，其实纺织行业面临最大能耗和水污染问题的实质是以印染为主的原材料加工环节，这意味着材料加工商应当成为环境污染的最主要负责人或者第一负责主体。但是 D 组织却选择向品牌方施加压力，那么品牌方在此承担的责任可能会与具体污染制造者的材料加工商有所差异。基于利益相关者理论，企业通常是作为各种利益相关者缔结的一组契约，作为市场的任一企业主体都会与其他利益相关者处于一种约束与被约束的关系，企业的发展也离不开各种利益相关者的支持和参与。因此，基于利益相关者视角的企业社会责任实际上将处于多重契约关系的企业联结在一起。在 D 组织选择先向品牌方施加压力时，是为了能够通过借助供应链上的核心企业来间接推动供应链各节点企业环境行为的改善，那么 D 组织更注重品牌方环境责任的合行业规范性和合社会期望性；待 D 组织后期建立"蔚蓝地图"之后，可以开始直接向供货商或者材料加工商披露环境信息，这时 D 组织更注重推动实际污染制造者环境合法律性。当然我们，只是从理想的简约模式对这一现象做一说明，由于现实中供应链极长，越往深处供应链所涉及的企业数量也会越来越多，关系也越来越复杂，因此，环保组织对于不同节点企业环境责任的期望也会相应发生变化。

第七章

结语与讨论

行文至此，本书对环保组织如何推动企业践行环境责任进行了比较充分的理论探讨和实证检验。本章将对全书进行总结，进而对研究所涉及的主要观点进行反思与讨论，并针对研究议题为当前促进环保组织影响企业环境责任建设的行动提出相应的对策建议。最后，本章对主要贡献进行了总结，并就研究存在的局限性和未来可能的拓展方向进行了讨论。

第一节 主要结论

本书聚焦于近些年中国环保组织推动企业践行环境责任行动这一新近现象，试图回答的基本问题是环保组织如何影响企业环境责任建设，具体包括这一行动何以产生、何以行动以及何以运用，并通过结合当下国内一些代表性案例对社会组织行动过程中的策略选择和动态调整进行了深入分析。研究的基本结论主要包括以下几方面。

第一，环保组织推动企业践行环境责任行动的产生具有一系列的制度条件，而国内外制度环境的共同变化为行动发生提供了必要条件。从国内制度环境和条件而言，主要包括国家宏观政策的支持以及现有治理结构的缝隙。不仅为环保组织介入企业环境责任建设提供了必要的行动合法性支撑和符号资本，促进了其对于保护生态环境公共利益诉求的合理性辩护，即可以"依法而行动"；而且为环保组织的行动转向和策略运用提供了行动可能性，可以在治理结构的缝隙延展行动空间。从国外制度环境而言，全球环保运动以及企业社会责任运动的兴起，为环保组织参与企业环境责任建设提供了难得的发展机遇。

第二，研究在结合经验发现和理论拓展的基础之上，进一步分析了环保组织在何种情形之下采取何种行动策略这一核心问题。本书从"环保组织和企业关系的依赖性"和"环保组织使命与企业环境行为表现的兼容性"两个关键解释维度构建了环保组织影响企业环境责任建设行动选择的四种情形状态和策略类型，并分析了特定情形状态下环保组织所对应的行动策略选择。其中在"依赖—兼容"情形下，环保组织主要运用促进主导型策略；在"依赖—非兼容"情形下，环保组织主要运用督促主导型策略；在"非依赖—兼容"情形下，环保组织主要采用合作主导型策略；在"非依赖—非兼容"情形下，环保组织则主要采用对抗主导型策略。需要指出的是，在每种情形状态下，环保组织的策略选择主要体现为某一种主导类型特征，但是并不意味着在此情形下，环保组织在具体行动策略运用中不会涉及其他特征的策略；当情形变化之时，环保组织影响企业环境责任建设的行动策略也会相应动态调整。

除此之外，研究从环保组织的视角分析了其对于企业环境责任的认知，将其概括为合法律性、合行业规范性和合社会期望性，并进一步探讨了每种情形下，行动策略针对企业环境责任的目标边界。例如，在"非依赖—非兼容"和"依赖—非兼容"情形下，环保组织推动企业践行环境责任的首要目标指向是合法律性；在"依赖—兼容"和"非依赖—兼容"情形下，环保组织推动企业践行环境责任的目标涵盖了合行业规范性和合社会期望性。

第三，研究结合具体的案例，分析了影响社会组织行动策略选择的内在核心机制，即机会成本衡量和共识判断。由于研究是站在环保组织的视角来看待其如何行动，因此在具体依赖关系和兼容关系审视的过程中，机会成本衡量和共识判断构成这两个关键因素作用的内在解释机制，正是社会组织对于与企业在保有关系或者退出关系中所带来的成本判断，使得其更加审慎地看待此一关系中是否具有可退出性；同时，企业的环境行为表现与社会组织使命是否存在一定的共识性，也成为双方关系是否达成合作的关键。

第四，研究进一步将研究从静态分析转向动态分析，并且引入企业环境行为表现的回应感知作为环保组织判断企业环境行为表现中的重要机制，深入分析了环保组织如何依据企业回应的变化来动态地进行行动策略的调整。研究发现，企业回应态度积极性与否以及回应实质效果的好坏成为环保组织对企业回应感知的双重标准，其中回应实质效果的好坏与否更是起着决定性作用。当环保组织感知到企业回应态度积极且回应实质效果较好时，环保组织更倾向于采用施压强度较小的策略，并有合作意向的转化；当环保组织感知到企业回应实质效果较差，不论企业回应态度积极与否，环保组织都会更倾向于采用施压强度较大的策略。

第二节　进一步讨论

在之前的章节中，我们基于研究的分析框架对环保组织推动企业践行环境责任的行动策略进行了静态和动态研究。分析了环保组织在行动中如何基于不同的情形条件进行理性的事实判断，以及如何进行行动策略的选择和动态调整。透过这些结果发现，转型中国社会组织的行动特征似乎已经开始显现出新的变化，并从以往"国家—社会"的二元格局框架转向于更加复杂多变的政经互动场景之中。在本节中，我们将基于以上理论和事实的经验分析，对本书的研究问题做进一步讨论，并对研究伊始的理论观点做一回应。

一 行动结果：影响效果乐观么？

如果当我们分析完环保组织推动企业践行环境责任的行动策略之后，那么研究应当最想要关心的问题就是社会组织的行动效果怎么样，是否真正对于企业环境责任建设产生了积极影响？在理论的期许之中，也许我们希望看到社会组织的成长能够给企业环境责任建设注入动力。因为在转型中国社会组织的研究中，自主性是一个备受关注的话题，其背后反映了既定的国家与社会关系变迁。在现有文献中，自主性主要包含"结构自主性"和"行动自主性"。"结构自主性"认为中国社会的发展是国家主动让渡发展空间的过程，所以社会组织的自主性一定是在国家场域中的选择与发展。[1] 其更注重组织赖以存在的前提条件，通过阐述组织与外部的法律、政治层面的关系，来关注那些事关组织存在与发展的条件问题。"行动自主性"则关注于社会组织是否能够自主决策、自主决定内部事务、按照自己的意识来行动。[2] 而在我们研究的议题之中，自主性同样成为我们观察环保组织影响企业环境责任建设行动何以发生、何以落地、何以实现的重要隐含视角。不论在制度背景中，对于社会组织行动的"结构自主性"的关切，还是在两个关键解释因素中对于社会组织"行动自主性"的关注。一个整体的变化趋势就是，社会组织的结构自主性因为宏观政治机会结构的变化开始获得更多的活动空间和发展机遇；社会的行动自主性也随着社会组织能力的成长而不断增强。因

---

[1] 林闽钢、战建华：《社会组织的自主性和发展路径——基于国家能力视角的考察》，《治理研究》2018 年第 1 期。

[2] 王诗宗、宋程成：《独立抑或自主：中国社会组织特征问题重思》，《中国社会科学》2013 年第 5 期。

此，从理论上而言，社会自主性的提高对于政府治理、社会治理变革以及社企关系具有重要意义。

但遗憾的是，即使环保组织的自主性在成长，可能其影响企业环境责任建设的结果也并不会如理论设想的那样乐观，至少通过我们以上的经验证据表明，一个吊诡的现象就是环保组织的行动并不意味着企业环境责任建设的效果出现明显改善，反而出现了影响效果的现实分化。如在 A 组织中，组织强烈的促进主导型策略对于推动会员企业的社会责任建设形成了较好的正面效应，引领行业内企业社会责任的风向和发展；在 B 组织中，随着绿色金融体系建设进入国家顶层设计，B 组织与银行、保险公司的合作，既弥补了商业机构与污染型企业之间的信息鸿沟，又形成了常态化的合作模式，有效地拓展了商业机构的社会责任边界；在 C 组织中，"为电商平台'去毒'"的项目仍然一直保持在对抗型的施压状态，虽然施压的具体策略在因势调整，但是至少从结果而言，淘宝和拼多多尚未采取任何关于平台责任建设的实质性举措，也并未建立有关有毒产品的平台监管机制，似乎项目已经进入一个僵持拉锯状态；在 D 组织中，虽然将信息公开创新地融入绿色供应链管理中，但是持续媒体披露的外部压力，只是让一部分品牌企业发生了改变，仍有些企业却视若无睹。那么，是什么导致环保组织影响企业环境责任建设的效果出现这种差异？换言之，在关于企业环境责任建设的哪些方面，环保组织可以取得较好的影响效果；在哪些方面，环保组织的影响效果可能并不明朗。

毋庸置疑，社会组织的自主性成长能够在一定程度上带来其影响力的提升，因为环保组织使命与责任的坚守、专业化能力的提升、经费条件的改善、自律与他律机制的建设等等，使其成为策略性推动企业环境责任建设的重要条件和基础。[①] 而包括政治

① 姚华：《NGO 与政府合作中的自主性何以可能？——以上海 YMCA 为个案》，《社会学研究》2013 年第 1 期。

环境、体制环境、法治环境等在内的显性制度性因素，使得国家场域内社会组织的行动获得"合法"地位的制度安排。但当聚焦于社企关系的议题中时，我们发现单纯的国家权力逻辑或者组织的行动自主性逻辑解释力已经不够，而一种新的结构性约束作用于社会组织影响企业责任建设的行动结果之中，即市场的理性逻辑在调节着环保组织行动结果的可能实现程度。所谓市场的理性逻辑是指市场主体以效率、效益为基础的利益价值取向，将其贯穿于组织的战略规划、流程再造、绩效管理、社会营销等各个方面。不过，这种利益导向的理性逻辑，并不仅仅限于结果在成本—效益分析基础上的有形价值核算，而且其包含了对于组织声誉、外部营销等无形价值的判断。例如：企业为了获得行业内的合法性认可，以确保自身的生存，就必须要接纳一些来自国家和社会已经公认的标准或者原则，并将其纳入自身的结构之中。在A组织中，会员企业愿意遵守A组织所树立的行业规范标准便是一个例证。然而，这种外部强制性规范压力在施加于企业的同时，同样潜在地经过了市场理性逻辑的判断。毕竟，并不是每一个企业都愿意被迫遵守行业压力的束缚，但是如果不遵循可能会面临行业准入的"合法性"门槛，由此导致失去商机。环保组织推动企业践行环境责任的行动从某种程度上而言，也同样是企业在市场竞争中面临的外部规范性压力，那么这种压力的接受与否也会受到来自市场理性逻辑的干预。因此，我们发现那些社会组织能够带来正面效益、成本较低、营销潜力较大的环境责任要求更易被企业主体采纳；而那些存在负面效益、执行成本较高、有损于组织声誉的环境责任要求则可能更易被企业所抵触。

由此而言，市场的理性逻辑成为继国家权力逻辑之外的新的结构性权力，制约着环保组织影响企业环境责任建设的最终效果。不过值得注意的是，这种结构性权力与国家的结构性权力对于环保组织的约束性是不同的，因为国家的结构性权力的介入或者退出对于环保组织行动具有根本性的影响，但是市场的结构性权力却可以与社会的自主性发展"相安无事"，一旦社会组织与市场发生了互动关系，那么环保组织不管采取何种行动，看似本身灵活的自主性，却在行动过程中不得不受到来自市场强大理性逻辑的渗透和裹挟。这可能会导致两种后果：一种情形是环保组织使命与市场理性逻辑的竞争，对立与合作并存，这在我们的案例中得到大量印证；一种情形是发生环保组织向市场结构性权力的预期从属[①]，即环保组织倾向于实施它所认为的会获得企业认同或者迎合企业偏好的行动项目，从而获得这些企业积极的回应，获取更多的资源和支持。预期从属无法从价值上给予好或者坏的判断，因为这也是环保组织影响企业环境责任建设的重要方式，但是如果当沉浸于迎合所带来的乐观结果时，是否也是对环境违规行为的选择性失明呢？

二　行动智慧：非平衡结构性权力中何以为？

在文献综述的部分，我们提及西方国家的环境治理问题实际上起初是以大众社会运动的形式而发展起来的。特别是在"二战"后，风起云涌的社会运动推动了环保运动的兴起，带来了欧美社会和环境政策的深刻变化。而 20 世纪 80 年代以后，西方国家环境运动组织甚至开始出现了不同的分化与类型，包括公共利益游说团体、职业性抗议组织、参与性压力团体、参与性抗议组织等。[②] 这些组织中一部分已经由专业化职员管理，逐渐放弃了抗议动员和抵制的方式，而更喜欢全民公决、请愿运动、志愿行动、政治游说等常规型行动方式；一部分则仍然与强烈破坏性抗

---

① 沃尔特·W. 鲍威尔、保罗·J. 迪马吉奥：《组织分析的新制度主义》，姚伟译，上海人民出版社 2008 年版，第 360—384 页。

② ［英］克里斯托弗·卢茨：《西方环境运动：地方、国家和全球向度》，徐凯译，山东大学出版社 2005 年版，第 15—22 页。

议意向结合在一起，保留经典的分散化、草根性动员理念，采纳
对抗性战略；还有一部分组织则已经获得了对正式政策机构和程
序的进入权，甚至组建成为政党，积极参政议政，开展环境保护
运动。从西方环境运动的发展史而言，不难看出，其实西方社会
尤为重视"那些不能与国家相混淆或者不能为国家所淹没的社会
生活领域"[1]，这一领域被认为是"一度被国家剥夺的、而现在正
力争重新创造的东西：即一个自治的社团网络，它独立于国家之
外，在共同关心的事务中将市民联合起来，并通过他们的存在本
身或行动，对公共政策产生影响"。[2] 即使是在与市场企业相抗衡
的过程中，其实西方环保组织具有较强的独立性和影响力。然
而，中国的环境组织发展却与西方国家极为不同，从其产生起就
与国家、市场之间存在结构性权力的不平衡，在现实中的发展面
临着许多制约性的因素。虽然社会组织相对于国家的结构自主性
在近些年国家的退出与赋权中得以成长，但是社会组织面对于市
场的结构性权力仍然处于不平衡的位置。因此，对于环保组织推
动企业践行环境责任行动的突出难题，就是如何在非平衡的权力
结构中发挥作用，实现"以小撬大"。

欣喜的是，我们在经验材料中观察到中国环保组织的行动智
慧，即使社企之间存在结构性弱势，但环保组织仍然通过"巧借
力"的方式影响企业环境责任建设。一方面，环保组织在组织结
构层面以正式的、制度化方式向政府及相关部门以及供应链核心
企业借力；另一方面，在个体行动层面运用非制度化的方式来动
员、联合社会公众参与的力量。如：在 C 组织"为电商平台'去
毒'"的项目中，C 组织清楚地知道自己的组织能力和影响力，
为了让自己的倡导实质性地影响企业环境责任和治理行为的转
变。它们意识到，要使企业能够主动回应企业环境责任缺水的现

---

① Charles Taylor, "Models of Civil Society", *Public Culture*, Vol. 3, No. 1, 1991.

② 汪晖、陈燕谷：《文化与公共性》，生活·读书·新知三联书店 1998 年版，第 171 页。

状，最为有效的方式就是返回到官僚体制的场域内通过制度化的渠道来重塑自己的影响力，而来自国家的政策、法规也就成为他们所要争夺和利用的国家资本。他们必须通过对国家政策话语的利用或者其他地方政府行为的先判案例，有效地捍卫其自身行动的合法性，使其成为增强自身的规制影响力。在 D 组织的"为时尚清污"的案例中，"借力核心企业"（即品牌方）是其推动在华纺织绿色供应链建设的重要途径。由于在产品供应链上通常存在着多家企业，但核心企业往往处于主导地位，其能够对供应链的物流、资金流、生产服务流进行有效的协调与监督，并监督链上的其他企业行为。D 组织以品牌方为切入口来推动上游企业的绿色转型，一方面是对品牌方企业责任予以监督，另一方面，行动的核心也是期望借助供应链的传导压力来对上游的污染型施加压力，起到"隔山打牛"的作用。而借力公众更是环保组织不得不依靠的力量，环保组织继续吸收着来自大量公众的支持与帮助，它们吸收那些真正热爱自然、关心环境的社会成员，通过动员更多社会的呼声来提升企业对于环境责任的关注度。毫无疑问，"巧借力"是中国环保组织在权力非平衡结构中的智慧选择，通过借用和整合各方主体的力量来突破结构性弱势，这不仅有效地拓展了社会组织行动的张力和可能性，而且进一步提高了环保组织推动企业践行环境责任行动的影响力。

三 行动趋势："双向运动"仍在继续么？

最后，让我们再回到研究问题提出之时，波兰尼对于社会与市场互动关系的探讨。波兰尼指出，近百年来，现代社会由一种"双向运动"支配着，即市场的不断扩张以及它所遭遇的反向运动。一种是经济自由主义原则，目标是自我调节市场的确立；另一种是社会保护原则，目标是对人和自然以及生产组织的保护。在波兰尼看来，自 19 世纪以来对劳动力、土地和货币的商品化反叛成为保护主义反向运动的主要目的，也是对市场经济引起的大破坏的地方性回应。只要自我调节市场原则继续支配社会，社会保护运动就不可避免。正因如此，波兰尼的现实关怀在于在国家与市场之间寻找社会的增长点，最终使经济理性服从于人类本性，防止人类社会被市场经济所牵制和肢解，使市场经济重新嵌入社会之中。当然，波兰尼最后也提出了他的基本思路，认为捍卫公民各项社会权利的自由应当优先于经济绩效，优先于个人私欲，主张构筑以公民社会权利为基础的社会来弥合经济与社会之间的内在矛盾，保障同个体的生存与发展紧密相关的实质性权利的实现。如果当我们转换时空，观察改革开放以来中国环境公益的发展史，实际上"双向运动"的理论内核从某种程度上勾勒了当前环境公益与商业之间的冲突。市场化的改革带来经济的迅速腾飞，资本扩张的同时也带来各种环境负外部性的影响，更为警惕的是，资本开始试图在公益领域逐渐确立自己的霸权，兜售着源自市场理性逻辑的话语理念。① 尽管如此，中国的环境公益仍在面临各种市场风险与诱惑中，捍卫着自己的独立性和自主性。不过，中国环保组织推动企业践行环境责任的行动如今是否仍然会持续以一种保护性反弹的方式来维护社会权利与环境公正呢？可能现实情形之中的张力会更加明显。

从经验数据来看，不可否认的是，中国环保组织推动企业践行环境责任的行动既有冲突性的一面，也有合作性的一面。例如，在 C 组织"为电商平台'去毒'"的项目中，共享型平台商业模式作为近些年由信息技术革命所带来的新型经济模式，对人类生产生活带来突破性的变革。但是，现实中因平台企业社会责任缺失和异化的现象比比皆是，如用户信息安全问题、消费者健康问题、环境问题与市场竞争秩序问题。而 C 组织的行动施压恰

---

① 康晓光：《义利之辨：基于人性的关于公益与商业关系的理论思考》，《公共管理与政策评论》2018 年第 3 期。

恰以这种新型平台企业作为突破口，督促其做好监督含有有毒化学物质玩具品的责任，保障买卖双方进行诚信、合法、合规的商品交易。在 B 组织中，借助绿色金融来助推中国企业绿色转型的故事，则开拓了环保组织新型的行动模式，并且与一些企业形成了友好型的合作关系。而 D 组织与供应链中一些品牌企业的合作，也反映出社会的反弹并非一种对抗型状态而持续存在，而是双方出现了某种程度的交融。因此，就目前在环境公益议题上，环保组织推动企业践行环境责任的行动形成了两种鲜明的并存趋势：一种是使命驱动下的进攻式防御；一种是共识判断下的合作式发展。所谓"使命驱动下的进攻式防御"是指环保组织在组织使命的驱动下，为了保护人类生存的自然环境和维护环境正义，防御污染型企业所带来的危害，从而向污染型企业所发起的反抗与进攻。"共识判断下的合作式发展"是指环保组织在坚守组织使命的前提下，为了更好推进环境的可持续发展，促进人与自然的和谐相处，与一些前瞻型的环保企业达成在环境治理上的合作共识，共同推进企业环境责任发展以及环境问题改善。因此，面向未来，不论是何种行动趋势，社会组织行动的一个核心前提即是明确组织的使命，社会组织是为其使命而存在的，它以志存高远的使命与责任服务于社会，最大化地追求社会公共利益，以实现社会的公平。

第三节　建议与对策

基于本书的经验研究，本书尝试就环保组织推动企业践行环境责任的行动议题，分别从政府、企业和社会组织三方视角提出如下对策建议：

一　政府：制度性包容与共同治理

从宏观制度环境来讲，政府要为引入环保社会组织参与企业环境治理创造良好的政策支持。环境问题的治理不能仅仅依赖于政府，而是在企业、公众、社会组织多元主体的合作、参与中得以实现。环保组织作为生态文明治理的重要社会力量，其已在传播绿色生态理念、公众环境意识培养、环境公共政策倡导以及企业环境责任监督的行动中崭露头角。环保组织之所以能够从最初"观鸟、种树、捡垃圾"的小世界走向更为广阔的空间，这从根本上源于政府治理思维的转变以及国家权力的外放，从而为环保组织创造了更多"大展拳脚"的政治机会结构。不过，当前环保组织在参与企业环境治理的过程中仍处于相对的弱势地位，政府仍需要为其创造良好的、包容性的制度环境，并主动促成政府、社会组织和企业三方共治的局面。具体而言：一是加大对于环保公益组织的政府购买服务支持力度。环境公益相较于其他社会公共服务虽然在短期内难以取得显著成效，但却事关人类健康生存、永续发展的长远利益。加大对于环境公益领域的支持不仅是对于环保组织本身发展的资源补充，而且能够推进政府职能转变，引入第三方社会力量参与当下的社会治理。二是政府与环保组织加强在企业环境责任监督方面的合作。除了政府的环境规制举措之外，环保组织同样是企业环境责任的监督者和引导者。其能够有效地减少政府在环境监督方面的信息不对称，降低政府的环境监管成本。三是为环保组织参与公共政策提供制度保障和活动空间。环保组织通常在监督企业环境责任、反映公众环境利益诉求中积累了大量的经验，这些经验不能仅仅停留于组织内部，而应该适时转化为国家决策参考的内容之中，推动公共政策的科学化和民主化，与此同时提升环保组织的政策影响力。

二 企业：社会嵌入与公共性再生产

强化企业环境责任意识，增强对于社会环境需求的回应性，推动企业在环境公共物品方面的积极作用。一是从企业自身的角度而言，仍需要首先将环境责任作为组织战略的一个重要要素，融入组织制度、政策、过程和决策行为之中，并将对环境问题的关注转化为实际的行动，自觉推动自身生产方式或者经营理念的变化，实现企业经济效益和环境效益的"双赢"。二是重视对于企业利益相关者的管理，增强对于环保组织监督行为的回应度和重视度。建立与利益相关者参与对话的渠道，切实做好企业对于环境责任承诺的兑现以及利益相关者和社会期待的回应。相较于股东、消费者、供应商、政府等直接相关的利益相关者群体，环保组织虽然只是次要的社会性利益相关者，但是其在企业环境战略中的影响力也会逐渐提升。企业应积极寻求与环保公益组织的对话沟通，制定相应的程序科学管理与环保组织之间可能发生的冲突或分歧，切勿将其视为企业追求经济效益的阻碍者。在未来的实践中，可加强企业在环境战略与民间环保组织的深度合作，从现实中的冲突对立关系转化为友好的合作伙伴关系。三是加快企业向自愿型或者前瞻型环境战略的转变。从现有企业环境责任的监督情形来看，仍然表现出"胡萝卜＋大棒"的特点，即外部压力驱动—企业被动回应。企业对于环境战略的重视度仍然处于边缘地位，随着外部规制压力的增强而被迫推进，这实际上并不利于推动企业环境治理的可持续发展。因此，企业如何将这种外部监督的压力转化为企业自身的自觉性，做出更多超水平合规的环境行为，实现对于社会公共价值创造是未来企业环境战略管理的重要方向。那么，在迈向前瞻型环境战略管理的过程中，企业应当积极培养自身的绿色环境意识，积极推进在产品设计、生产过程、组织管理体系、供应链管理和外部关系维护等方面的环保创新工作，将绿色意识贯穿于企业文化与管理的全过程。与此同时，企业可以加快推进 ISO14001 的认证工作，从而提升企业的组织声誉和环境绩效，实现向前瞻型环境战略的转变。

三　社会组织：多方联动与权变式行动

由于环保组织推动企业践行环境责任行动面临的结构性弱势，双方权力结构的不平衡致使环保组织的行动难以产生实质的影响效果。因此，首当其冲的是克服组织发展的重重困难，在逆境中不断加强组织的能力建设；同时要懂得如何在弱势位置中"善假于物也"，发挥"以小撬大"的作用。具体而言：一是加强组织的专业化建设。环保组织对于知识的掌握、获取和运用能力在很大程度上影响其行动的影响力以及最终的行动效果。并且在环境保护领域，涉及诸多技术性判断和专业性议题。如果要在影响企业环境责任建设的行动中凸显其科学性，必须依赖专业的判断标准和科学的取证证据。基于此，民间环保组织要不断加强对于组织工作人员的培训，提升人才队伍的专业化水平和综合素质；同时，要不断加强与专业智库、科研院所的横向合作，扩充组织的专家智库，为其行动决策提供智力支持。二是扩充组织的社会资本网络，形成企业环境责任建设中的多方联动。社会资本是环保组织能力的重要组成部分，能够提升组织实际的影响力，并且为组织的发展提供潜在的机遇和机会。这其中包含三个方面社会网络的建设：即行业内社会组织的合作网络建设，加强与同类社会组织的联盟与合作，共享资源和信息，互相交流与学习，既可以提升组织的能力，又可以扩大组织的影响力；加强与政府部门的合作网络建设，及时了解政府政策的最新动态，并且适宜向政府官员表达自己的呼声，发挥政策倡导作用；加强与领域内企业的合作网络建设，增进双方的了解和沟通，尝试在环境治理中迈向常态化合作。三是增强行动中的灵活性和权变性。无论是在全过程的决策分析，还是全过程的行动分析，要适时地根据决策情势、行动对象的回应，策略性调整行动策略和具体策略的组合方式。

第四节　研究贡献

首先，在研究议题上的探索、梳理和总结。由于该议题属于新近的社会现象，同时也属于跨学科的交叉领域，学术界对于环保组织推动企业践行环境责任行动的议题尚未给予足够的关注。在以往中国的社会组织议题研究中，主要涉及公共服务供给、公益慈善、跨部门合作等方面，这些主要是在国家与社会二元关系的视角下进行分析，却缺少对于社会与市场互动关系方面的相关议题。即使近些年，随着公益慈善蔚然成风，商业与社会组织之间出现了某种程度的融合趋势，例如双方的跨界合作、社会企业的出现、企业慈善捐赠的崛起，等等。但是有关文献的议题仍然聚焦于这些具有合作性质的议题，似乎在社会与市场之间只偏向于合作性的一面，而忽略了它们之间的冲突性。区别于以上议题，环保组织推动企业践行环境责任建设的行动是既体现了合作性，同时又兼具冲突性；它既是一个低敏感度的议题，也是一个高敏感度的议题，这对于我们深度观察社会与市场之间的关系提供了有力的窗口。作为一个探索性的议题，研究基于经验以及文献整理，梳理了近些年中国环保组织推动企业践行环境责任行动的发展历程，总结了其相对于政府规制、企业管理在影响企业环境责任建设方面的相对优势和面临的现实挑战。这也为以后对议题感兴趣的读者提供了基础性材料的支撑，可以做进一步深化。

其次，在理论研究上的突破与创新。本书中所运用的核心理论之一是利益相关者理论。作为研究企业社会责任中的一支重要理论流派，利益相关者理论实际上为我们提供了可描述性的思路、工具化研究的路径以及规范性的思考。在文献梳理的部分，我们可以看到有相当一部分文献都从利益相关者的视角探讨其对于企业环境责任的影响，以及企业如何基于利益相关者的分析建立利益相关者管理的环境责任战略。但是，在文献的仔细梳理中，不难发现，企业对于利益相关者的重视程度主要依据它们的权力性、紧急性和合法性程度来作出判断，从而依据不同的利益相关者属性采用不同的利益相关者策略。但遗憾的是，一般而言，企业通常会将政府、股东、供应商、消费者等作为其主要的利益相关者，而社会组织通常会被列为企业的次要利益相关者。由此而言，基本上从基于利益相关者管理的企业环境战略规划而言，企业对于环保组织的重视度是不够的。但是从环保组织的角度而言，推动企业环境责任建设以及企业的绿色发展却是其组织的重要目标和使命。所以，研究试图进一步丰富利益相关者理论在企业环境责任研究方面的内容，尝试从一个次要利益相关者的视角来研究其对于企业环境责任的看法，相信更好地了解利益相关者的认知对于企业环境责任建设将更具有现实意义。因此，这是一种基于利益相关者的利益相关者管理，而不仅仅是从企业单方的视角进行利益相关者管理。双方认知上的差异可能会导致他们在战略管理中的偏差，这是我们希望引起管理者重视的问题。

再次，研究为研究组织行为研究提供了新的解释视角。特别是在组织行为研究中，目前主要的解释思路是将组织行动策略选择的原因归结于激励结构、监督结构、组织性质、任务性质、资源依赖结构等。但事实发现，这些解释视角在本议题中并没有充足的解释力。研究在实地调研的基础上，重新找到组织使命这一关键解释变量纳入研究框架，这对于我们分析社会组织的行动研究提供了新的解释视角。并且本书所提出的影响环保组织推动企业环境责任建设行动策略选择的两个关键因素，对于理解当下环保组织与企业之间的关系张力、关系演化具有较强的解释力。

最后，研究试图跳出国家与社会关系的二元结构视角，从行动的视角分析了社会与市场之间的关系，以期为社企关系研究做一探索。社会与市场的互动关系是我们当下不得不面对的时代命题，极需要理论界的回应。虽然波兰尼的"双向运动"对于我们的理论研究提出了关键启发式命题，但是从经验而言，社会与市场互动却是极具复杂性。研究初步对社企关系进行了研究工作的推进，认为当前中国社会与市场之间关系出现了两种并存趋势，一种是使命驱动下的进攻式防御；一种是共识判断下的合作式发展。

第五节　研究不足与展望

作为一项关于环保组织推动企业践行环境责任行动的探索性研究，研究中仍存在诸多的不足之处，需要在今后的研究中进一步完善。

一是研究主要聚焦于环保组织的视角来分析其影响企业环境责任建设的行动，但是对于双方之间的互动缺乏深入分析。在实际场域中，环保组织的行动应当是在与企业的互动博弈中而相机抉择。此外，由于在该研究中，我们将国家视为一个恒定的外部变量，过少的笔墨着眼于国家的功能和作用，但是也并不意味着国家无足轻重，相反，国家的参与可能会进一步塑造社企博弈的类型和互动方式，这有利于我们深挖国家是如何型塑环保组织推动企业践行环境责任的行动策略选择。

二是对于社会与企业关系的探讨仍然有待进一步的深化。目前该研究虽然从行动策略的层面对社企关系的议题进行了初步的探讨，但是从分析思路上而言，"情形—策略"还是相对比较微观层面的分析，这使得理论建构的深度上不够深入。下一步可以考虑进一步提升分析单位的层次，从组织层面或者制度层面分析环保组织影响企业环境责任行动的现象。

三是现实生活中企业的类型和差异化明显，如国有企业、民营企业、外资企业等，不同企业规模也存在一定的差异性。尽管企业性质不会影响社会组织行动的发生与否，但是可能会干预社会组织行动的选择差异。那么，社会组织与不同类型企业互动时，可能策略选择时机、策略运用方式都会存在一定差异，这可以在未来聚焦于同一行业不同性质的企业，或者同一性质但是不同规模的企业进行深挖。除此之外，不同环境问题的风险属性也不一样，虽然在本书议题中我们增加了对于环境问题属性的考虑，但是并没有做出更加细致的区分，这同样可以成为未来研究的着力点。

四是研究主要采用了定性的研究方法，下一步仍需要融入定量研究或者采用混合研究设计。作为一项针对该领域的探索性研究，当前研究已提出一些可进一步检验的理论命题，这些都可以在未来通过大样本的问卷调查进行实证检验。

附　　录

附录1　国内社会组织影响企业环境责任建设的代表性组织和项目

ENGO 名称	组织简介与宗旨	涉及企业环境责任相关的项目或者业务
中国环境保护产业协会	中国环境保护产业协会成立于1984年，是由在中国境内登记注册的从事生态环境保护相关的生产、服务、研发、管理等活动的企事业单位、社会组织及个人自愿结成的全国性行业组织，是在民政部注册登记具有法人资格的非营利性社会团体，接受生态环境部、民政部等部委的业务指导和监督管理。目前拥有会员单位2700余家，并通过各省、自治区、直辖市、副省级城市的环境保护产业协会联系着数万家环保企业 协会宗旨：遵守宪法、法律、法规和国家政策，践行社会主义核心价值观，遵守社会道德风尚；贯彻环境保护基本国策，发挥桥梁纽带作用，坚持以生态文明建设为中心，保护生态环境，推动绿色发展，改善环境质量；坚持为企业服务、为行业服务、为政府服务；代表会员利益、反映会员呼声，依法依章维护会员的合法权益，开展行业自律；促进创新和产业技术进步，推动中国环境保护产业的发展	主要业务：建立行业自律机制，维护行业利益和会员合法权益，及时向政府部门反映行业和企业诉求；开展行业企业信用、能力等级评价等，促进企业诚信经营，构建行业良好的信用环境；参与制定生态环境保护的法律法规、发展规划、经济政策、技术政策等；经政府有关部门授权，组织开展行业调查研究和行业统计，收集、分析和发布行业信息，为政府决策提供支持，为企业经营决策提供服务；接受政府委托，承担本行业相关标准、规范的研究、编制工作，制定、发布团体标准；开展环保先进技术推广、示范及咨询服务；开展国内外行业交流与合作；举办行业培训、展览、展示及会议等活动；建立行业信息服务平台，出版发行行业刊物和资料，向企业提供政策、技术、市场、投融资等信息服务

ENGO 名称	组织简介与宗旨	涉及企业环境责任相关的项目或者业务
中华环保联合会	中华环保联合会是经国务院批准、民政部注册，接受生态环境部和民政部业务指导及监督管理，由热心环保事业的人士、企业、事业单位自愿结成的、非营利性的、全国性的社团组织。中华环保联合会的宗旨是围绕实施可持续发展战略，围绕实现国家环境与发展的目标，围绕维护公众和社会环境权益，充分体现中华环保联合会"大中华、大环境、大联合"的组织优势，发挥政府与社会之间的桥梁和纽带作用，促进中国环境事业发展，推动全人类环境事业的进步	主要业务：（1）围绕国家生态文明建设的目标和任务，充分发挥政府与社会、企业之间的桥梁和纽带作用，为各级政府及其有关行政主管部门提供决策建议；（2）根据国家相关规定，组织开展生态环境保护领域的论坛或峰会和生态环保新技术推介等活动，受政府委托承办或根据行业或市场发展需要举办相关展览；（3）组织开展环境权益维护的教育和培训，提升全社会环境法律意识和环境权益意识；开展相关理论研究，积极推动环境法治建设；（4）依据《环境保护公众参与办法》，开展生态环境保护领域公众参与、社会监督工作，多渠道多角度为环境治理公众参与和社会监督创造条件、构建平台；为生态环境政策、法律法规制定，提供决策建议；（5）依规参与生态环境保护行业信用评价和环境污染第三方治理、行业标准研究制定；开展节能生态环保、科技咨询及培训服务等，推动节能生态环保、绿色发展重大工程和项目的实施，促进生态环境质量的整体改善；（6）传播社会主义生态观和先进环境文化。根据国家相关规定，出版发行环境类刊物、制作影视作品、运营新媒体等形式，开展生态环境保护的宣传教育活动，普及生态环境保护和环境权益维护知识，提高全民的生态环保意识和环境维权意识；（7）组织并开展国际生态环境领域的交流与合作，组织和承担国际合作项目；（8）推动生态环境建设公益事业和生态环保产业的发展，加强生态环境保护的资源整合；（9）承办政府及有关组织委托的符合本会宗旨的其他工作

ENGO 名称	组织简介与宗旨	涉及企业环境责任相关的项目或者业务
绿石环境保护中心	绿石环境保护中心（注册名：南京市建邺区绿石环境教育服务中心，简称：绿石）是一个立足江苏，致力于解决本地环境问题的民间环保组织绿石的核心工作聚焦于工业污染防治，主要通过实地调研、数据数据分析等方法监督工业企业环境表现，并通过监督举报、环境审核、环境管理培训、圆桌对话、公众参与等方式推动污染企业进行环境整改	代表性项目： （1）绿邻共建计划：是绿石目前核心项目之一，主要为江苏省工业企业（园区）提供个性化环境治理方案，协助搭建政府、企业、社区、NGO 多方参与的共治平台，使企业合规排放、信息透明，推动企业在社会监督下进行环境整治，最终实现环境友好 （2）金陵水韵：是针对南京本地河流开展的公众参与类的环保活动，让参与者在行走的过程中认知周围植物，了解河流的水文特征、水质情况，最终形成定制化的河流体验报告
阿拉善 SEE 生态协会	阿拉善 SEE 生态协会成立于 2004 年 6 月 5 日，是中国首家以社会责任为己任，以企业家为主体，以保护生态为目标的社会团体。2008 年，阿拉善 SEE 生态协会发起成立北京市企业家环保基金会，致力于资助和扶持中国民间环保公益组织的成长，打造企业家、环保公益组织、公众共同参与的社会化保护平台，共同推动生态保护和可持续发展。2014 年年底，北京市企业家环保基金会升级为公募基金会，以环保公益行业发展为基石，聚焦荒漠化防治、气候与商业可持续、生态保护与自然教育三个领域。2018 年 10 月，由阿拉善 SEE 生态协会发起成立了深圳市阿乐善公益基金会，致力于发挥企业家优势资源和创新精神，以多元的保值增值方式，为公益组织和项目提供持续性支持力量	阿拉善 SEE 生态协会是目前中国最具影响力的企业家环保组织，是企业家参与环保公益、践行环境和社会责任的首选平台。会员在 SEE 这个平台上可以"深度体验"形式多样的环保行动，"知行合一"加入可持续经营哲学互动式学习，"身体力行"推动企业绿色经济转型以及尝试融入公民社会后的"自我超越" 为能有效推动在地环保项目发展，阿拉善 SEE 已设立了深港、台湾、华东、华北、西南、珠江、西北、湖南、湖北、内蒙古、安徽、河南、山西、福建、山东、广西、四川、重庆、黑龙江、三江源、塞上江南、浙江、鄱阳湖、太湖、大辽、渤海、丝路、太行共 28 个环保项目中心。目前，北京市企业家环保基金会已正式启动"一亿棵梭梭""地下水保护""任鸟飞""卫蓝侠""绿色供应链""创绿家""劲草同行""诺亚方舟""留住长江的微笑""三江源保护"等品牌项目，未来将进一步带动和整合企业家及社会资源投入，号召公众的广泛支持和参与，充分发挥社会化保护平台价值，共同守护碧水蓝天

ENGO 名称	组织简介与宗旨	涉及企业环境责任相关的项目或者业务
自然之友	自然之友注册成立于 1993 年，是中国成立最早的民间环保组织。20 多年来，全国累计超过 2 万人的会员群体，通过环境教育、家庭节能、生态社区、法律维权以及政策倡导等方式，重建人与自然的连接，守护珍贵的生态环境，推动越来越多绿色公民的出现与成长。自然之友相信：真心实意，身体力行，必能带来环境的改善。目前，自然之友行动主要在四个领域，包括法律行动、政策倡导、环境教育、公众行动	代表性项目： （1）曲靖铬渣污染案十年终结案。中国第一起由民间环保组织提起的环境民事公益诉讼案。这起诉讼历经近十年，作为单一公益诉讼来说充满了艰辛与坎坷，但从推动中国公益诉讼制度的角度来看，起到了不可替代的关键作用。最终调解书主要内容为：被告云南省陆良化工实业有限公司承担环境侵权责任，承诺在已完成的场地污染治理基础上继续消除危险、恢复生态功能，进行补偿性恢复；就补偿性恢复项目和原告因参与各项目验收的必要费用支付人民币 308 万元；并承担原告因本案诉讼发生的合理费用及案件受理费 （2）清河调研。自然之友发起的"公众参与清河调研"项目，旨在以清河为切入点，倡导公众关注身边的河流问题，引导公众参与到河流问题的调研、监测和治理中，搭建公众、专业人员、政府间的沟通桥梁，总结出公众参与监督并解决环境问题的良好模式，使公众逐渐建立对社会及环境的责任感

续表

ENGO 名称	组织简介与宗旨	涉及企业环境责任相关的项目或者业务
天津绿领环保	绿领环保，成立于 2010 年 10 月 28 日，是一家倡导推动环境污染治理来保护环境的民间环保公益组织，2014 年在天津市民政局正式登记，全称为天津滨海环保咨询服务中心。绿领环保重点关注华北地区海河流域的水污染、空气污染和垃圾污染问题。绿领环保主要是通过一系列的调研倡导手法，推动严重的环境污染问题得到解决。绿领环保所从事的主要议题，一方面为社会基层公众（尤其是偏远郊县）普遍关心的水污染和空气污染问题；另一方面是社会关注热度不高但极具保护价值的环境问题。这些问题与普通公众的生活生产息息相关，并且符合政府部门关注的重点方向，符合社会需求	代表性项目： （1）水环境保护项目。2011 年，绿领发起天津永定新河水污染调研，开展参与水环境保护工作。2014 年，开始响应全国各地水污染环境事件的需求，通过联合合作伙伴参与云南、内蒙古、江苏、天津、江西、湖南、宁夏、山东、河南、河北共 18 个城市共 26 例的水污染事件调查与检测，促进了 24 个地区的河流数据公开。2017—2018 年，开始针对海河流域的水环境污染进行调查和推动治理，目前绿领在天津、河北、山东等区域开展了 20 余次现场调研，覆盖渤海周边河北唐山南堡工业园、廊坊津霸工业园、沧州黄骅港、天津大港石化产业园区、山东无棣鲁北工业园等 8 家工业园，以及河北保定、廊坊、沧州共计 14 个涉及小散乱污的县级市，涉及 1000 余家企业。推动了共计 20 处污染问题得到治理，319 家有明确主体的企业污染行为进行整改，并撬动了超 4 亿元的环境恢复和污染治理资金投入 （2）清洁空气保护项目。2012 年，我们开始针对天津及周边的空气问题开展工作，对天津的国家重点监控企业污染源进行实地走访，并记录下基本的位置信息和相关企业的基本信息。2013 年，我们开始向天津市环保部门倡导建立在线污染源监测系统，督促重点企业依法进行环境信息公开及废气、废水达标情况等数据的实时发布。另一方面，开展天津、唐山煤改气及天津煤炭减量调研。2015—2016 年，推动全国 11 个城市共 20 余家企业大气污染行为得到解决，直接或间接撬动的企业处罚整改资金为 427 万元

ENGO 名称	组织简介与宗旨	涉及企业环境责任相关的项目或者业务
芜湖生态中心	芜湖生态中心成立于 2008 年，是一个扎根于安徽地区的公益环保组织，以通过提高公众参与环境保护意识，促进安徽地区环境问题的解决及全国垃圾焚烧厂的清洁运行为使命。于 2013 年在芜湖市民政局注册为社会团体，注册名为芜湖市生态环境保护志愿者协会。机构目前以开展污染防治工作为主，主要方向是安徽省工业污染防治、全国垃圾焚烧厂清洁运行，推动环境问题的解决及改善；同时在芜湖本地开展提升公众环境意识及环境行动力的工作，其中依托青弋江的保护开展的公众参与工作已经成为本地人熟知的公益行动品牌	代表性项目： (1) 安徽省工业污染防治项目。2009 年开始，芜湖生态中心开始关注皖南水环境的保护——青弋江及长江皖南段，其间针对青弋江造纸污染、芜湖工业园区污染应对、皖南沿江工业园区调研开展了多次调研，并推动了数起污染事实的整改。2016 年开始，芜湖生态中心全面关注长江安徽段工业污染状况，推动长江安徽段六座城市（安庆、池州、铜陵、芜湖、马鞍山、宣城）的工业环境改善。2017 年启动"八百里皖江守护计划"，联合铜陵、安庆共三家公益组织共同守护本地环境。并针对安徽长江沿岸的饮用水水源地、入河排污口做出专项调研和研究，针对重点问题做出行动。2017 年芜湖生态中心在加强对长江安徽段城市工业环境的关注深度外，还对安徽省全省工业园环境信息进行收集，加深对工业园环境现状的了解，逐步形成覆盖全省的工业环境监督和污染应对能力 (2) 推动垃圾焚烧行业清运项目。芜湖生态中心自 2009 年开始关注垃圾议题，2011 年形成垃圾焚烧项目，旨在通过信息公开的方式推动垃圾焚烧厂清洁运行，9 月正式上线面向公众的垃圾焚烧资料库——生活垃圾焚烧信息平台（www.waste.cwin.org）。2014 年助力推动《生活垃圾焚烧污染控制标准》（GB18485 - 2001）修订，2016 年增加实地调研的方式关注垃圾焚烧厂的飞灰处置问题，针对获取到的信息及发现的问题进行整理分析并通过简报和报告的形式对外发布，在此基础上进行政策倡导，推动完善垃圾焚烧厂的监管及信息公开。项目具体内容包括：推动垃圾焚烧厂完善监管、推动垃圾焚烧厂达标运行、推动垃圾焚烧厂信息公开、推动垃圾焚烧飞灰规范化处置

续表

ENGO 名称	组织简介与宗旨	涉及企业环境责任相关的项目或者业务
绿满江淮	绿满江淮成立于 2003 年，是全国最早的一批民间环保公益组织，2015年在安徽省合肥市进行民政注册，注册名称为：合肥市庐阳区深蓝环境保护行动中心。现有全职员工 30 名，志愿者遍及安徽各大城市 47 个环境保护社团/协会。机构曾四次获得福特汽车环保奖，2014 年获得联合国开发计划署颁发的优秀环保社团奖。2011 年，记录我们在淮河流域开展污染防控工作的短片《仇岗卫士》(The Warriors of Qiugang) 获得第 83届奥斯卡最佳纪录短片提名奖。2018年被民政部评为 3A 级社会组织。目前主要关注污染防控、生态保护、气候变化等领域	机构针对污染议题展开专项行动，通过环境律师帮助污染受害者维权、媒体报道和政策倡导推动相关法律法规的完善。在城市中倡导绿色的生活理念，在青少年中开展环境教育。孵化和培养了安徽 4家民间环保组织，使民间环保组织力量大大成长。代表性项目包括：化学品和危废、水环境保护、法律政策倡导、应对气候变化、生态保护 (1) 环境保护与污染防治项目通过搭建公众行动平台，支持公众河流保护行动，推动公众关注安徽境内河流健康。通过组建河流健康积分小组支持公众定期参与河流健康积分，收集河流信息，为河流建立档案；对于损害河流健康的现象，参与举报并持续监督至污染行为停止。同时对长期存在的污染行为，将实地调研掌握的污染事实联合环保部门、当地居民、媒体，结合法律援助终止企业污染行为，减少河流污染和破坏，保护河流健康 (2) 环境法律与政策倡导项目于 2011 年开始启动，源于以绿满江淮工作案例拍摄的《仇岗卫士》取得社会关注后，仇岗村最终通过政府、媒体和 NGO 多方力量的作用使得污染企业成功搬迁，但是工厂遗留的污染问题以及污染赔偿问题并没有得到解决。受到影片中故事的影响，绿满江淮开始思考如何利用法律手段进行环境维权

续表

ENGO 名称	组织简介与宗旨	涉及企业环境责任相关的项目或者业务
绿色和平	绿色和平是一个全球性环保组织，致力于以实际行动推进积极改变，保护地球环境与世界和平。绿色和平成立于 1971 年，目前在世界 55 个国家和地区设有分部，拥有超过 300 万名支持者。为了保持公正性和独立性，绿色和平不接受任何政府、企业或政治团体的资助，只接受市民和独立基金的直接捐款。机构在全球的工作，都基于共同的理念： 我们相信积极行动会带来改变；我们以和平、非暴力的方式，见证环境破坏；我们推动公开的、有充分信息支持的环境议题讨论，以便让全社会对解决方案达成共识；我们将环境问题呈现给公众，以非暴力直接行动的方式提升全社会对问题的认识和理解；我们的工作是为了揭露环境危机及解决问题，我们没有永远的盟友或敌人	项目设计包括气候变化与能源、保护森林、保卫海洋、污染防治、食品与农业 代表性项目：污染防治 (1) 机构持续关注纺织业，成功推动户外品牌去毒。2016 年 1 月 25 日，绿色和平公布了 11 个国际知名户外品牌的 40 件户外防水装备的检测结果，其中有 36 件含有有毒有害化学物质 PFCs（全氟化合物）。2 月，绿色和平参与了 2016 年亚洲运动用品与时尚展，向公众和业界倡导户外产品应淘汰含氟化合物的防水面料。绿色和平环保明星北极熊人偶 Pauline（胖灵儿）也特意来到中国参加此次活动，数千消费者和业界人士驻足围观，成功把去毒的呼声带到户外界的讨论中来 (2) 发布化学品事故计数器与中国主要城市化学品风险等级信息。2016 年 9 月 21 日绿色和平通过统计相关公开信息发布了"2016 年 1 至 8 月份中国化学品事故统计"。与此同时，绿色和平从政府信息公开渠道获得了环保部门对中国涉危涉化企业的环境风险专项检查的调研数据（2010 年、2011 年），并运用地理信息技术对 33625 家涉危涉化企业的空间分布进行分析。作为阶段性项目成果，绿色和平将持续发布 2016 年全年事故统计报告和中国主要城市化学品风险等级信息，推动全面系统性的化学品管理制度和解决方案。这次发布获得了媒体的广泛关注

ENGO 名称	组织简介与宗旨	涉及企业环境责任相关的项目或者业务
绿色流域	云南省大众流域管理研究及推广中心（绿色流域）成立于 2002 年 8 月，在云南省民政厅注册为省级科技类民办非企业单位。绿色流域是集实践、研究和倡导为一体的民间环保组织。致力于推动政府、市场和社会三部门利益相关方共同参与环境保护。推动民间参与和问责，促进政府决策公平、透明，监督企业承担社会责任	代表性项目： （1）研究和倡导流域善治。推动政府、市场和社会三部门利益相关方共同参与流域治理，使流域保护和开发更具可持续性。增强和发挥民间参与和问责能力，使流域开发决策和实施更趋参与、透明和诚信 （2）绿色信贷。研究并推动绿色信贷政策的制定和完善，分享和讨论中国商业银行、政策性银行和多边开发银行的社会保障政策的制定和执行。出版《银行环境记录》，主要是观察银行每年进步的足迹，也使政府看到绿色信贷出台之后银行的表现如何
磐之石环境与能源研究中心	磐之石环境与能源研究中心（REEI，2018 年 4 月在北京市顺义区民政局注册为民办非企业单位），前身为磐石环境与能源研究所，创立于 2012 年 7 月，是一家研究环境和能源政策的独立智库。我们以能源转型政策分析为主线，讨论如何在兼顾社会公平、气候变化、环境质量和公众健康的基础上，实现中国能源系统的低碳转型。并希望在此过程中促进多方参与、开放理性的环境政策讨论	代表性项目： （1）2013 年发布《烟羽下的忧虑：成都洛带生活垃圾焚烧发电厂社会与环境影响调查》，以成都洛带垃圾焚烧厂为案例，研究其对周围环境和当地居民生活和健康带来的影响 （2）2018 年发布《改善地铁环境空气质量的城市经验：从香港、首尔到北京、上海》，促使北京市轨道交通运营管理有限公司对加强地铁内空气质量监测及改善的重视。并进一步推动地铁内空气质量管理标准的讨论及制定。11 月，与日、韩两国民间组织共同完成《中、日、韩三国之煤电：现状和建设更清洁能源系统的路径》报告，对三国煤电发展和政策的分析为决策者提供有价值的思考。2019 年在了解我们项目产出的基础上，北京京港地铁有限公司主动联系我们，面对面沟通其在地铁内空气质量管理方面的一些做法，磐之石介绍了影响地铁内空气质量的主要因素，并就如何改善给出建议

ENGO 名称	组织简介与宗旨	涉及企业环境责任相关的项目或者业务
绿色汉江	襄阳市环境保护协会（又名"绿色江汉"），是 2002 年 8 月经市民政局登记注册成立的一个群众性、公益性、非营利性的社会团体。是湖北省首家环保社会组织。协会目前拥有团体会员 50 个、个体会员 81 人（不包括团体会员单位人员数），志愿者三万多人，会员来自社会各条战线。组织的愿景是希望汉江水和环境免受人为破坏，汉江永远"可饮、可渔、可游"。组织的使命是"做保护汉江的守望者"	代表性项目：保护汉江 协会是在保护母亲河的活动中诞生的，成立以来，协会先后深入汉江及其支流沿岸的污染源头调查 1091 场次，行程 114960 多公里。发现污染问题，通过各种努力，最后推动了许多环境问题的解决。十多年来，协会先后通过人大、政协在两会上提出建议 220 多条，人大、政协多次邀请我会联合开展环境调研，政府许多职能部门，如：精神文明办、环保局、水利局、科技局、建委、城管局、科协、共青团、妇联等多次联合组织开展活动 协会先后 7 次参加听证会，从关注环评入手，阻止 3 个重金属加工工厂和 2 个大养猪场未能通过环评，先后推动 11 个政府职能部门环境信息公开，推动 31 家大型国控企业在工厂大门口设立了环境信息公开栏。在跨区域河流污染治理方面，我们对跨区域污染的唐白河（汉江中游最大支流，上游在河南南阳境内）的污染治理的多年、多次博弈，推动了南阳加大对唐河、白河的污染治理力度，推动襄阳、南阳建立了治理唐白河的联防、联控机制，倒逼南阳市政府为南阳全市环保系统增加了 800 多个财政编制工作人员，这已经成为全国跨区域水污染治理的典型案例 协会先后免费举办了 40 期环境教育培训班，共计有 1161 个学校、企事业单位的 2036 位教师及各条战线的环保志愿者参加了学习。环境教育进校园、下农村、到机关、去社区和企业 1028 场次，向 58 万多人面对面进行了宣讲和图片展出。在全市环境意识传播中取得了实效，为唤醒民众的环保意识，建设绿色襄阳起到了积极作用

ENGO 名称	组织简介与宗旨	涉及企业环境责任相关的项目或者业务
绿驼铃	绿驼铃是 2007 年 10 月 31 日在甘肃省民间组织管理局登记注册的一家公益性社会组织，致力于西部环境保护事业，为改善已经恶化并仍在加重的西部生态环境做出应有贡献。绿驼铃自成立以来依照其章程、宗旨和目标，主要开展的工作包括：促进甘肃的环境保护工作、采取行之有效的措施解决甘肃环境问题、在公众中开展环境保护教育、在典型区域生态环境问题推动生态环境改善和社区发展、组织环保志愿者培训和能力建设项目等。为甘肃的生态环境保护、农村社区可持续发展、环保宣传教育及本地环保组织的发展起到了积极的作用	代表性项目： 甘肃水环境项目：自 2006 年 7 月启动，目前正在实施第六期项目。项目通过水环境宣传教育、河流巡护、污染企业治理以及社区水环境与健康关注等工作，旨在提高甘肃黄河沿岸公众对黄河水污染防治与水资源节约利用的意识，发挥社会监督作用，推动水环境信息公开，持续关注水环境污染问题，维护水环境安全 草原保护项目：推动"社区自然资源共管委员会"的成立和能力建设，推动社区参与和生物多样性保护，该项目在玛曲藏区开展，项目正发掘和推广民族传统文化中的优势生态环保理念和知识，探索以社区为本的可持续草场等自然资源管理模式，实现牧区生计发展、草场保护的综合目标

ENGO 名称	组织简介与宗旨	涉及企业环境责任相关的项目或者业务
中国绿发会	中国生物多样性保护与绿色发展基金会（简称"中国绿发会""绿会"），是经国务院批准成立，中国科学技术协会主管，民政部登记注册的全国性公益公募基金会，全国性一级学会，长期致力于生物多样性保护与绿色发展事业	业务范围：（1）开展和支持生物多样性保护与绿色发展的宣传教育、学术交流、培训和业务咨询活动及项目；（2）支持、开展和资助促进生物多样性保护与绿色发展事业发展的科学研究、科普活动、科技开发和示范项目，建立示范基地；（3）支持和资助绿色产业发展；（4）开展和资助促进生物多样性保护与绿色发展的国际交流与合作，组织与本基金会业务相关的国际、国内学术交流及论坛；（5）开展和资助维护公众环境权益和环境保护领域社会公共利益的理论研究和实践活动，推进我国环境法制建设；（6）开展和资助生物多样性保护与绿色发展领域公众参与、社会监督，多渠道多角度为生物多样性保护与绿色发展领域公众参与和社会监督创造条件，构建生物多样性保护与绿色发展领域的平台；（7）开展和资助生物多样性保护与绿色发展领域政策、法律、法规和环保科技咨询服务；（8）按照规定经政府有关部门批准，组织奖励为生物多样性保护及绿色发展事业做出贡献的团体和个人

ENGO 名称	组织简介与宗旨	涉及企业环境责任相关的项目或者业务
达尔问环境求知社	北京市朝阳区达尔问环境研究所（Green Beagle），是一家经民政局批准正式注册的民办非企业单位，致力于环境质量检测与研究、环境现状和环境伤害事件调查、公众环保知识传播等。我们相信，通过主动求知、主动参与，每个人都能为中国环境的改良做出贡献	组织项目涉及电磁环境、能源、化妆品与重金属、空气、垃圾、水污染等领域的环境科普与环境检测。达尔问环境研究所采用专业检测设备，对水质（COD、氨氮）、空气质量（PM2.5）、电磁场、噪声进行检测，帮助公众了解生活中的真实环境状况及其对人体健康的影响。组织相信，对身边环境质量的正确认知是推动环境问题解决的第一步。在此基础上，组织也致力于推动相关环境问题的解决，推动环境政策和法律的不断完善。其下设的研究中心：环境检测中心采用专业检测设备，培育志愿者服务团队，邀请相关领域专家学者，以帮助公众了解生活中的真实环境状况及其对人体健康的影响，同时积累独立的环境检测数据，并及时向社会公布，逐步构建第三方"民间独立检测"机制。目前正在运行电磁环境质量、空气环境质量、水环境质量、噪声环境质量等"求知型"检测 环境调查中心采用深度调查的方式，组织多方社会力量，对已经发生和正在发生的，损害公众权益和环境权益的各类环境伤害事件进行关注，揭示并传播真相，努力推进事件解决。目前已开展的调查活动涉及天然林破坏、草原破坏与退化、湿地破坏、化工产业污染、废旧塑料产业等内容

ENGO 名称	组织简介与宗旨	涉及企业环境责任相关的项目或者业务
绿行者	绿行者是中国首家关注企业提升环境和社会风险管控的公益性平台,绿行者自行开发了"环境和社会风险评估体系",体系被广泛运用于金融机构的绿色信贷、绿色保险、绿色投资等绿色金融领域,为中国的绿色可持续发展提供解决方案。绿行者每季度发布环境风险预警名单,该名单已被国内部分遵守赤道原则经营的银行列为风控系统指标,用于绿色信贷及绿色投资;同时绿行者与国内保险机构合作开展环境污染责任与投保额、损害赔偿关系的研究,尝试加快污染责任险在中国的落地。自成立以来,绿行者持续与国内外多领域专业团队建立长期良好的合作关系,联合多方力量,共同推动中国绿色可持续发展	环境和社会风险评估体系运用:成立至今,绿行者联合政府、银行、保险机构、环保机构、行业协会等,运用"体系"为企业/项目开展风险评估,其中涉及了制革、化工、矿业、电镀、环保、石油化工、码头、广告、食品等行业 推动行业绿色转型:绿行者联合行业协会、工业园区管委会、企业共同制定行业环境和社会风险评估方法,从全行业推动环境表现改善,降低行业风险,提升行业市场竞争力。案例1:绿行者联合阿拉善SEE生态协会、福建省石材行业协会和石材企业,为福建省多家大型石材企业开展环境风险识别及评估工作,并提出风险控制建议,从而推动福建省石材行业绿色转型,实现可持续发展。案例2:帮助某大型合成革工业集中区开展环境和社会风险识别,帮助园区提升环境风险控制能力,降低风险,实现可持续发展 风险管理能力提升培训:绿行者联合政府、环保机构、投融资机构定期举办主题交流研讨会,搭建多元、跨界的沟通平台,共同探讨中国的绿色可持续发展。与此同时,我们还不定期举办风控能力提升培训会,包括投融资机构环境和社会风险识别及控制能力提升、企业环境管理能力提升、环保公益组织技能提升培训、公众绿色能力及意识提升等

续表

ENGO 名称	组织简介与宗旨	涉及企业环境责任相关的项目或者业务
仁渡海洋	仁渡海洋是中国大陆唯一专注于海洋垃圾议题的公益机构，2007 年成立，2013 年注册为民办非企业单位。业务活动以垃圾清理、监测与研究为主，以环保教育和网络搭建为辅，广泛参与国内外的交流与合作，中长期目标为海洋垃圾领域最专业的公益机构	代表性项目： （1）爱我生命之源。"爱我生命之源"海滩清洁项目，通过与企业 CSR 对接，与政府、社区、志愿者合作，开展净滩活动，清理海洋垃圾，同时使用 ICC 卡（国际海滩清洁运动中使用的海洋垃圾数据记录卡）与品牌卡记录垃圾数据，为研究积累数据。净滩是仁渡海洋的核心业务，从 2007 年开始，截至 2016 年年底，仁渡海洋共组织 113 场净滩，组织 6737 位志愿者，累计清理垃圾 14.3 吨 （2）守护海岸线。守护海岸线项目是目前唯一的全国范围内定期定点监测海岸垃圾的项目，用数据描绘中国海岸垃圾污染的真实版图。项目通过严格的选址布点，一整套标准的监测和数据记录方法，在沿海进行科学的数据采集。各监测点在规定的监测期间，统一执行海岸垃圾监测，由项目组汇总数据，统计分析中国海岸垃圾的污染状况。守护海岸线项目由深圳市红树林湿地保护基金会和仁渡海洋共同于 2014 年发起。项目的长期目标是凝聚全社会的力量，为国家和各级政府的海岸垃圾治理政策提供支持，成为中国大陆所有关注海岸垃圾治理问题的社会力量的开放的合作平台。守护海岸线是一个凝聚社会力量，应对海洋垃圾问题的合作平台。它包括三个子平台：科研监测网络、净滩协作平台、海洋环保学习网络。科研监测平台在全国沿海设置监测点，每单月月底，各监测点统一执行海洋垃圾监测。年度监测完成后，项目组根据汇总数据，完成《中国若干典型海滩垃圾监测研究报告》。2017 年，全国共有 17 个监测点 （3）净滩协作平台。在全国推广净滩活动，为全国各地的志愿者匹配在地海洋环保机构，为在地海洋环保机构提供净滩技术支持

续表

ENGO 名称	组织简介与宗旨	涉及企业环境责任相关的项目或者业务
公众环境研究中心	公众环境研究中心是一家在北京注册的公益环境研究机构。自 2006 年 6 月成立以来，IPE 致力于收集、整理和分析政府和企业公开的环境信息，搭建环境信息数据库和蔚蓝地图网站、蔚蓝地图 APP 两个应用平台，整合环境数据服务于绿色采购、绿色金融和政府环境决策，通过企业、政府、公益组织、研究机构等多方合力，撬动大批企业实现环保转型，促进环境信息公开和环境治理机制的完善	代表性项目： （1）绿色供应链：绿色供应链项目的工作始于 2007 年 IPE 与 20 家环保组织联合发起的绿色选择倡议，呼吁品牌企业关注在华供应链的环境表现。2011 年起，IPE 与合作伙伴一起开展针对 IT、纺织行业的环境调研，截至目前已经推动近百家世界 500 强企业在采购决策中纳入对供应商的环境风险评估。通过开展绿色供应链项目，推动国内外企业深化对在华供应链的环境管理和气候治理。2020 年，随着世界各国探索经济的绿色复苏之路，中国发布温室气体减排承诺，IPE 将与全球领先企业、可持续发展领域的专家、金融机构和 ESG 投资者携手，利用环境信息、大数据和 IT 技术推动全球经济的绿色转型 （2）绿色金融项目：是公众环境研究中心的主要项目之一，IPE 通过对金融相关数据库信息进行完善和维护，对上市公司的环境、社会和治理绩效进行研究，完成针对绿色金融和责任投资政策与实践的相关研究和报告，推动环境信息在金融机构的应用，主动与绿色金融和责任投资领域的国内外利益相关方建立联系，建立、维护和扩展与绿色金融市场和责任投资领域的合作伙伴关系

附录 2　纺织行业品牌 CITI 评分排名

截至 2014 年 11 月，D 组织尝试沟通的 52 家纺织品牌中，H&M、溢达、GAP、C&A、Burberry、Walmart、Target、Nike、Puma、Adidas 等品牌在供应链环境管理上表现较好；Esprit、ZARA、李宁、李维斯、雅戈尔、探路者等品牌供应链环境管理表现一般；排在最后的 HUGO BOSS、Kappa、Guess、安踏等仍未有任何回应，表现消极。具体得分评分排名，如下表所示：

排名	品牌	总分	排名	品牌	总分
1	H&M	63.6	27	Lafuma	12.5
2	溢达	63	27	Tommy Hilfiger	12.5
3	盖璞	55.5	27	CK	12.5
3	C&A	55.5	30	普利马克	10
5	玛莎百货	52.5	30	乐购	10
6	巴宝莉	51.5	30	贝纳通	10
7	沃尔玛	51	30	家乐福	10
7	Target	51	34	Sears	5
9	耐克	50.5	34	Kmart	5
9	彪马	50.5	36	阿玛尼	2.5
11	阿迪达斯	49	36	Fifth and Pacific	2.5
12	优衣库	47.5	36	Next	2.5
13	Esprit	40	39	HUGO BOSS	0
13	ZARA	40	39	Abercrombie & Fitch	0
15	李宁	37.5	39	361 度	0
15	李维斯	37.5	39	卡帕	0
17	宜家	36	39	Guess	0
18	美津浓	32.5	39	安踏	0
19	安·泰勒	32	39	Cortefiel	0
20	北面	28.5	39	DKNY	0
20	Timberland	28.5	39	维多利亚的秘密	0
20	Lee Jeans	28.5	39	Macy's	0
23	雅戈尔	26	39	J. C. Penney	0
24	杰克琼斯	24.5	39	佐丹奴	0
25	迪斯尼	20.5	39	美特斯邦威	0
26	探路者	19	39	Pplo Ralph Lauren	0

附录 3　访谈提纲

1. 您能介绍一下这个组织的基本情况和发展历史么？组织宗旨和使命是什么？

2. 贵组织是否已经注册，业务主管单位是什么？

3. 可否方便说一下组织资金来源情况？不知道对于组织日常运转是否宽松？

4. 目前组织规模如何？专职的工作人员大概有多少？

5. 目前组织主要从事哪些业务领域或者项目？近些年，有没有涉及企业环境责任方面的代表性项目？

6. 为什么选择做影响企业环境责任建设的项目？除了组织自身发展的考虑，有哪些外部的机遇和动因？

7. 您是如何来影响企业环境责任建设的？有哪些行动举措和策略？

8. 您是如何认识企业环境责任的？您眼中的企业环境责任包含哪些方面？是否与企业的定位有所不同？

9. 当您推动企业践行环境责任时，采取具体策略时会考虑哪些因素？

10. 您觉得在推动企业环境责任建设当中，常遇到了哪些难题，这些难题是否能够克服？

11. 从主观的判断而言，您觉得在影响企业环境责任建设的项目中，取得了哪些成果？您觉得这些成绩是否真正推动了企业践行环境责任落地？

12. 您如何看待社会组织与企业之间的关系？

参考书目

经典文献

习近平：《习近平关于社会主义生态文明建设论述摘编》，中央文献出版社 2017 年版。

习近平：《论坚持人与自然和谐共生》，中央文献出版社 2022 年版。

中文文献

刘鹏：《转型中的监管型国家建设——基于对中国药品管理体制变迁（1949—2008）的案例研究》，中国社会科学出版社 2011 年版。

王浦劬、臧雷振编译：《治理理论与实践：经典议题研究新解》，中央编译出版社 2017 年版。

王信贤：《争辩中的中国社会组织研究："国家—社会"关系的视角》，韦伯文化国际出版有限公司 2006 年版。

赵鼎新：《社会与政治运动讲义》，社会科学文献出版社 2006 年版。

周雪光：《中国国家治理的制度逻辑》，生活·读书·新知三联书店 2017 年版。

周雪光：《组织社会学十讲》，社会科学文献出版社 2003 年版。

中文译著

［荷］皮特·何、［美］瑞志·安德蒙：《嵌入式行动主义在中国：社会运动的机遇与约束》，李婵娟译，社会科学文献出版社2012年版。

［美］W. 理查德·斯科特、杰拉尔德·F. 戴维斯：《组织理论：理性、自然与开放系统的视角》，高俊山译，中国人民大学出版社2011年版。

［美］埃莉诺·奥斯特罗姆：《公共事物的治理之道：集体行动制度的演进》，余逊达、陈旭东译，上海译文出版社2012年版。

［美］加里·金、罗伯特·基欧汉、悉尼·维巴：《社会科学中的研究设计》，陈硕译，格致出版社2014年版。

［美］杰弗里·菲佛、杰勒尔德·R. 萨兰基克：《组织的外部控制：对组织资源依赖的分析》，东方出版社2006年版。

［美］罗伯特·K. 殷：《案例研究：设计与方法》，周海涛等译，重庆大学出版社2010年版。

［美］约翰·凯西：《非营利世界：市民社会与非营利部门的兴起》，杨丽、游斐译，社会科学文献出版社2020年版。

［匈］卡尔·波兰尼：《巨变：当代政治与经济的起源》，黄树民译，社会科学文献出版社2013年版。

［英］克里斯·赫克萨姆、［英］西夫·范根：《有效合作之道：合作优势理论与实践》，董强译，社会科学文献出版社2019年版。

［英］克里斯托弗·卢茨：《西方环境运动：地方、国家和全球向度》，徐凯译，山东大学出版社2005年版。

［英］斯蒂芬·P. 奥斯本：《新公共治理？——公共治理理论和实践方面的新观点》，包国宪、赵晓军等译，科学出版社2016年版。

外文文献

Andrew L. Friedman and Samantha Miles, *Stakeholders: Theory and Practice*, Oxford: Oxford University Press, 2006.

Barbara Gray, Jill Purdy, *Collaborating for Our Future: Multistakeholder Partnerships for Solving Complex Problems*, Oxford: Oxford University Press, 2018.

Brunner E. , *Environmental Activism, Social Media, and Protest in China: Becoming activists over wild public networks*, Rowman & Littlefield, 2019.

Crane A . , *The Oxford Handbook of Corporate Social Responsibility*, Oxford University Press, 2008.

Geall S. , China and the Environment: The Green Revolution, Zed Books, 2013.

James Weber, David M. Wasielesk, *Corporate Social Responsibility*, Emerald Publishing Limited, 2018.

Lei Xie, *Environmental Activism in China*, Routledge, 2011.

Mary Alice Haddad, *Effective Advocacy Lessons from East Asia's Environmentalists*, MIT Press, 2021.

Thomas P. Lyon, *Good Cop / Bad Cop: Environmental NGOs and Their Strategies Toward Business*, Washington, DC: Resources for the Future Press, 2009.

后　记

　　这本书是我在博士学位论文的基础上撰写而成，当书稿完成的那一刻，仿佛是当下与过去的一次惜别。2021 年我从大学毕业参加工作，因缘际会，幸运来到中央党校（国家行政学院）应急管理培训中心。新的岗位也着实带来新的挑战，自己从原有的社会治理、社会组织的研究方向开始全方位地调整到应急管理的新领域。这种大学生涯与工作状态的快速转换，让我来不及停顿与思考，又一次被推到新的人生轨道，适应着新的生活方式。可有时候工作状态的裹挟总是牵引着我们向前看，却很少有机会能够停下来，对过往做一些总结。于是自己便萌生念头，打算抽出时间重新整理博士学位论文进行出版，一是希望以这种颇具"仪式化"的方式对自己的大学生涯正式作一告别；二是希望鼓励自己能够延续着"以学术为业"的志向，永远对未知的事情心存探索的激情和勇气，勇毅前行。

　　我记得在本科学习西方政治思想史时，最喜欢的一本著作就是马基雅维利的《君主论》，每隔几年就会拿出来重新阅读一遍。我尤为记得两句颇有底气的话，一句话是"世界上最弱和最不牢固的东西，莫过于不以自己的力量为基础的权力的声誉了"；另一句话是"命运是我们半个行动的主宰，但是它留下的其余一半或者几乎一半归我们支配"。每每读到这两句话，总会觉得那些附着在书面上的字迹，倒是给自己几分真实前行的力量。十一年的大学学习生涯，清楚地知道自己没有多大的天赋，在未知、经验与知识面前终归是无知的凡人，在现实、权力与资本面前也总归是无助的凡人。即使如此，也愿自己保有一份天真，保持着一份努力，接受着所有生活经历中的馈赠与淬炼，努力追寻着"在有限自由世界中"的自由能力，可能这是学习最美好的回馈。

2016 年，我带着自己一丝内心的倔强选择了考博，还在为未来踌躇辗转的时刻，感恩于导师魏娜教授给予我继续深造学习的机会。入学五年来，导师对于我的指导更是丝毫不曾懈怠，每每皆是耳提面命、谆谆告诫。我的导师魏娜教授是国内志愿服务事业发展的开拓者和奠基人，多年来一直深入实践，及时追踪前沿动态，推动理论研究。正是这样的实践精神，导师对于我们学生的培养格外注重经验的积累、实践的调查，正所谓"无扎根不以成学问"。在老师看来，好的研究必定是关注于社会现实问题，要真正地扎根于基层，去敏锐观察、认真思考。可以说，这种直面现实的学习方式，不仅让我们能够有效地激活那些书本上刻板的文字，了解生动的现实，而且在与现实同行的路上，我们与社会问题、国家的命运紧密相连。也许这就是所谓如果当你选择"以学术为业"的志向，也请不要丢失"以政治为业"的现实关怀。

当然，求学的过程并非是一帆风顺，不得不说当年这篇博士论文的写作过程是异常艰辛的。特别是这中间的酸甜苦辣、跌宕起伏、自我诉说、自我鼓励、与朋友的同甘共苦，让我在博士论文完成的时刻，更是感受到"博士"二字沉甸甸的分量。这期间，导师更是为我倾注了巨大的心力血力，从论文商定选题、督促进度、答疑解惑、敲定成文、通过答辩，再到日常生活中的畅谈心声、几番鼓励，真是让我在几次放弃失落之时，重新振作起精神。论文虽已完成，但是自己真得有愧于导师对于自己所给予的期望，研究所做出的理论贡献也远未达到老师之所愿，惟愿自己以后能够更加上进，加倍努力，才能不辜负导师的期许。

如今，我对博士论文进行了重新补充与整理，虽然仍然觉得达不到称心如意的程度，但是也许"不完美的状态才是一种真实状态"，就当作对于自己的警醒，未来重新修整自己，再重新出发。在此，我要特别感谢中国社会科学出版社对本书出版所给予的大力支持。衷心感谢责任编辑赵丽博士为本书出版所付出的大量心血。感谢我在维也纳大学求学时的导师 Heinz Christoph Stein-hardt，曾给予我无私帮助、亲切指导和宝贵建议。还要感谢这一路上陪伴我的朋友，正所谓："各美其美，美人之美，美美与共，天下大同。"此生与诸君相遇，何其有幸！

最后，我想再感谢我的父母和家人，父母的多年辛苦，为我负重前行，让我的读书之路丝毫没有后顾之忧，如今我已迈入新的人生轨道，希望我可以承担更多的家庭责任，与你们好好相伴！

2024 年 3 月 30 日
于大有庄